军情视点 编

海军武器
大百科

第二版

化学工业出版社
·北京·

本书详细介绍了第二次世界大战以来世界各国海军所使用的各种武器，包括航空母舰、战列舰、巡洋舰、驱逐舰、护卫舰、扫雷舰、导弹艇、两栖攻击舰、两栖运输舰、船坞登陆舰以及潜艇等，每种武器都简明扼要地介绍了服役时间、生产数量、使用国家、主体构造、作战性能及实战表现等知识。此外，还加入了不少与之相关的趣闻，以增强阅读的趣味性。通过阅读本书，读者可对世界各国的海军武器有一个全面和系统的认识。

本书不仅是广大青少年朋友学习军事知识的不二选择，也是军事爱好者收藏的绝佳对象。

图书在版编目（CIP）数据

海军武器大百科 / 军情视点编. —2版. —北京：化学工业出版社，2017.5（2024.1重印）
（军事百科典藏书系）
ISBN 978-7-122-29396-1

Ⅰ．①海… Ⅱ．①军… Ⅲ．①海军武器-世界-普及读物
Ⅳ．①E925-49

中国版本图书馆CIP数据核字（2017）第066693号

责任编辑：徐　娟　　　　　　　　　　装帧设计：卢琴辉
　　　　　　　　　　　　　　　　　　封面设计：刘丽华

出版发行：化学工业出版社（北京市东城区青年湖南街13号　邮政编码100011）
印　　装：中煤（北京）印务有限公司
710mm×1000mm　1/12　印张18 1/2　字数330千字　2024年1月北京第2版第10次印刷

购书咨询：010-64518888　　　　　　售后服务：010-64518899
网　　址：http://www.cip.com.cn
凡购买本书，如有缺损质量问题，本社销售中心负责调换。

定　　价：69.80元　　　　　　　　　　　　　　　　　　版权所有　违者必究

前言

众所周知,地球海洋面积远远大于陆地面积,约占地球表面积的71%,故有人将地球称为一个"大水球"。海洋作为人类资源的重要组成部分,历来受到世界各国的高度重视。为了维护国家海洋权益,确保对领海主权的行使,保障公海自由,世界上许多国家都非常重视海军力量的建设和海军武器的发展。

海军的产生和发展源远流长,海军武器也经历了数千年的演变历程。从原始简单的古代战船,发展到多系统的现代舰艇,其中蕴含了一代又一代人的心血结晶。在近现代的两场世界大战及其他局部战争中,海军都发挥了不可忽视的作用。时至今日,世界上拥有海军的国家和地区已有100多个,组织编制各不相同。现代海军通常由海军航空兵、海军水面舰艇部队、海军潜艇部队、海军陆战队、海军基地警备部队以及其他特种部队组成,主要装备作战舰艇、辅助舰船和飞机,配备有战略导弹、战术导弹、火炮、水中武器、战斗车辆等。

现代海军具有在水面、水下、空中及对岸上实施攻防作战的能力,有的还具有实施战略袭击的能力,而这些能力都有赖于海军装备的各式作战武器。本书第一版于2015年推出,书中对第二次世界大战以来世界各国海军所使用的各种武器进行了详细介绍,包括航空母舰、战列舰、巡洋舰、驱逐舰、护卫舰、扫雷舰、导弹艇、两栖攻击舰、两栖运输舰、船坞登陆舰以及潜艇等。由于内容全面、图文并茂、印刷精美,该书在市场上产生了一定的积极影响。不过,由于军事知识更新较快,在近两年里出现了不少新式海军武器,而一些现役的海军武器也在不断发生变化。针对这种情况,我们决定在第一版的基础上,虚心接受读者提出的意见和建议,推出内容更新更全、图片更多更精美的第二版。

与第一版相比,第二版不仅删除了部分过于老旧的舰艇,还添加了不少新近研制的舰艇,并且加入了一章舰载武器,以便读者朋友们更全面地了解海军武器。与此同时,我们还对第一版的文字和图片进行了完善,更新了一些舰艇的部署信息,替换了一些质量不佳的图片,进一步增强了图书的观赏性和收藏性。

作为传播军事知识的科普读物,最重要的就是内容的准确性。本书的相关数据资料均来源于国外知名军事媒体和军工企业官方网站等权威途径,坚决杜绝抄袭拼凑和粗制滥造。在确保准确性的同时,我们还着力增加趣味性和观赏性,尽量做到将复杂的理论知识用简明的语言加以说明,并添加了大量精美的图片。本书不仅是一本军事科普图书,更是一册海军武器装备大百科。

参加本书编写的有丁念阳、黎勇、王安红、邹鲜、李庆、王楷、黄萍、蓝兵、吴璐、阳晓瑜、余凑巧、余快、任梅、樊凡、卢强、席国忠、席学琼、程小凤、许洪斌、刘健、王勇、黎绍美、刘冬梅、彭光华、邓清梅、何大军、蒋敏、雷洪利、李明连、汪顺敏、夏方平、甘民春、高丽秋、高晓琴、何君建、何鑫、康侨、黎云华、李坤怀、林兰、杨淼淼、祝如林、杨晓峰、张明芳、易小妹等。在编写过程中,国内多位军事专家对全书内容进行了严格的筛选和审校,使本书更具专业性和权威性,在此一并表示感谢。

由于时间仓促,加之军事资料来源的局限性,书中难免存在疏漏之处,敬请广大读者批评指正。

编 者

2017年2月

目录 CONTENTS

第1章 制海斗士——海军漫谈 / 001

海军发展简史 / 002　　　　　　　　　海军武器分类 / 004

第2章 海战核心——大型水面军舰 / 007

美国"衣阿华"级战列舰 / 008	美国"尼米兹"级航空母舰 / 020	俄罗斯"库兹涅佐夫"号航空母舰 / 032
美国"长滩"号巡洋舰 / 009	美国"杰拉德·R.福特"级航空母舰 / 021	德国"俾斯麦"级战列舰 / 033
美国"莱希"级巡洋舰 / 010	英国"英王乔治五世"级战列舰 / 022	意大利"加里波第"号航空母舰 / 034
美国"班布里奇"号巡洋舰 / 011	英国"无敌"级航空母舰 / 023	意大利"加富尔"号航空母舰 / 035
美国"贝尔纳普"级巡洋舰 / 012	英国"伊丽莎白女王"级航空母舰 / 024	西班牙"阿斯图里亚斯亲王"号航空母舰 / 036
美国"加利福尼亚"级巡洋舰 / 013	法国"克莱蒙梭"级航空母舰 / 025	日本"大和"级战列舰 / 037
美国"弗吉尼亚"级巡洋舰 / 014	法国"夏尔·戴高乐"号航空母舰 / 026	日本"日向"级直升机护卫舰 / 038
美国"提康德罗加"级巡洋舰 / 015	苏联/俄罗斯"卡拉"级巡洋舰 / 027	日本"出云"级直升机护卫舰 / 039
美国"中途岛"级航空母舰 / 016	苏联/俄罗斯"基洛夫"级巡洋舰 / 028	印度"维拉特"号航空母舰 / 040
美国"福莱斯特"级航空母舰 / 017	苏联/俄罗斯"光荣"级巡洋舰 / 029	印度"维兰玛迪雅"号航空母舰 / 041
美国"小鹰"级航空母舰 / 018	苏联/俄罗斯"莫斯科"级航空母舰 / 030	印度"维克兰特"号航空母舰 / 042
美国"企业"号航空母舰 / 019	苏联/俄罗斯"基辅"级航空母舰 / 031	泰国"查克里·纳吕贝特"号航空母舰 / 043

第3章 远洋突击——中型水面军舰 / 045

美国"福雷斯特·谢尔曼"级驱逐舰 / 046	英国"战斗"级驱逐舰 / 056	法国"花月"级护卫舰 / 066
美国"查尔斯·F·亚当斯"级驱逐舰 / 047	英国"郡"级驱逐舰 / 057	法国"拉斐特"级护卫舰 / 067
美国"斯普鲁恩斯"级驱逐舰 / 048	英国"谢菲尔德"级驱逐舰 / 058	意大利"西北风"级护卫舰 / 068
美国"基德"级驱逐舰 / 049	英国"勇敢"级驱逐舰 / 059	苏联/俄罗斯"卡辛"级驱逐舰 / 069
美国"阿利·伯克"级驱逐舰 / 050	英国"利安德"级护卫舰 / 060	苏联/俄罗斯"现代"级驱逐舰 / 070
美国"朱姆沃尔特"级驱逐舰 / 051	英国"大刀"级护卫舰 / 061	苏联/俄罗斯"无畏"级驱逐舰 / 071
美国"佩里"级护卫舰 / 052	英国"公爵"级护卫舰 / 062	苏联/俄罗斯"无畏"Ⅱ级驱逐舰 / 072
美国"自由"级濒海战斗舰 / 053	法国"乔治·莱格"级护卫舰 / 063	苏联/俄罗斯"克里瓦克"级护卫舰 / 073
美国"独立"级濒海战斗舰 / 054	法国"卡萨尔"级护卫舰 / 064	苏联/俄罗斯"格里莎"级护卫舰 / 074
英国"部族"级驱逐舰 / 055	法国/意大利"地平线"级护卫舰 / 065	苏联/俄罗斯"不惧"级护卫舰 / 075

俄罗斯"猎豹"级护卫舰 / 076
俄罗斯"守护"级护卫舰 / 077
俄罗斯"格里戈洛维奇海军上将"级护卫舰 / 078
俄罗斯"戈尔什科夫"级护卫舰 / 079
欧洲多用途护卫舰 / 080
德国"不来梅"级护卫舰 / 081
德国"勃兰登堡"级护卫舰 / 082
德国"萨克森"级护卫舰 / 083
日本"金刚"级驱逐舰 / 084
日本"高波"级驱逐舰 / 085
日本"爱宕"级驱逐舰 / 086
日本"秋月"级驱逐舰 / 087
日本"阿武隈"级护卫舰 / 088
韩国"广开土大王"级驱逐舰 / 089
韩国"忠武公李舜臣"级驱逐舰 / 090
韩国"世宗大王"级驱逐舰 / 091
荷兰"卡雷尔·多尔曼"级护卫舰 / 092
西班牙"阿尔瓦罗·巴赞"级护卫舰 / 093
澳大利亚/新西兰"安扎克"级护卫舰 / 094
印度"塔尔瓦"级护卫舰 / 095
印度"加尔各答"级驱逐舰 / 096
印度"什瓦里克"级护卫舰 / 097

第4章 海上轻骑——小型水面舰艇 / 099

美国"阿尔·希蒂克"级导弹艇 / 100
美国"飞马座"级水翼导弹艇 / 100
美国"旗杆"号巡逻炮艇 / 101
美国"飓风"级巡逻艇 / 102
美国"短剑"高速快艇 / 103
美国"复仇者"级扫雷舰 / 104
美国"鱼鹰"级扫雷舰 / 104
苏联/俄罗斯"奥萨"级导弹艇 / 105
苏联/俄罗斯"娜佳"级扫雷舰 / 106
英国"亨特"级扫雷舰 / 106
英国"桑当"级扫雷舰 / 108
德国"信天翁"级快速攻击艇 / 109
德国"猎豹"级快速攻击艇 / 110
德国"弗兰青索"级扫雷舰 / 111
德国"恩斯多夫"级扫雷舰 / 112
德国"库尔姆贝克"级扫雷舰 / 112
法国"维拉德"级导弹艇 / 113
法国"斗士"级快速攻击艇 / 114
法国/荷兰/比利时"三伙伴"级扫雷舰 / 115
意大利"勒里希"级扫雷舰 / 116
澳大利亚"阿米代尔"级巡逻舰 / 116
加拿大"金斯顿"级扫雷舰 / 117
挪威"盾牌"级导弹艇 / 118
日本"初岛"级扫雷艇 / 118
日本"管岛"级扫雷舰 / 119

第5章 深海杀手——潜艇 / 121

美国"洛杉矶"级攻击型核潜艇 / 122
美国"乔治·华盛顿"级弹道导弹核潜艇 / 123
美国"海狼"级攻击型核潜艇 / 124
美国"弗吉尼亚"级攻击型核潜艇 / 125
美国"伊桑·艾伦"级弹道导弹核潜艇 / 126
美国"拉斐特"级弹道导弹核潜艇 / 127
美国"俄亥俄"级弹道导弹核潜艇 / 128
英国"拥护者"级常规潜艇 / 129
英国"敏捷"级攻击型核潜艇 / 130
英国"特拉法尔加"级攻击型核潜艇 / 131
英国"机敏"级攻击型核潜艇 / 132
英国"决心"级弹道核潜艇 / 133
英国"前卫"级弹道导弹核潜艇 / 134
法国"阿格斯塔"级常规潜艇 / 135
法国"红宝石"级攻击型核潜艇 / 136
法国"可畏"级弹道导弹核潜艇 / 137
法国"凯旋"级弹道导弹核潜艇 / 138
法国/西班牙"鲉鱼"级常规潜艇 / 139
苏联/俄罗斯"基洛"级常规潜艇 / 140
俄罗斯"拉达"级常规潜艇 / 141
苏联/俄罗斯"维克托"级攻击型核潜艇 / 142
苏联/俄罗斯"阿库拉"级攻击型核潜艇 / 143
俄罗斯"亚森"级攻击型核潜艇 / 144
苏联/俄罗斯"德尔塔"级弹道导弹核潜艇 / 145
苏联/俄罗斯"台风"级弹道导弹核潜艇 / 146
俄罗斯"北风之神"级弹道导弹核潜艇 / 147
德国209级常规潜艇 / 148
德国212级常规潜艇 / 149
德国214级常规潜艇 / 150
瑞典"哥特兰"级常规潜艇 / 151
日本"苍龙"级常规潜艇 / 152
以色列"海豚"级潜艇 / 153
荷兰"海象"级常规潜艇 / 154
澳大利亚"柯林斯"级常规潜艇 / 155

第6章 由海向陆——两栖舰艇 / 157

- 美国"蓝岭"级两栖指挥舰 / 158
- 美国"先锋"级远征快速运输舰 / 159
- 美国"塔拉瓦"级两栖攻击舰 / 160
- 美国"黄蜂"级两栖攻击舰 / 161
- 美国"美利坚"级两栖攻击舰 / 162
- 美国"惠德贝岛"级船坞登陆舰 / 164
- 美国"奥斯汀"级船坞登陆舰 / 165
- 美国"圣安东尼奥"级船坞登陆舰 / 166
- 美国LCAC气垫登陆艇 / 167
- 英国"海洋"号两栖攻击舰 / 168
- 英国"海神之子"级船坞登陆舰 / 169
- 法国"闪电"级船坞登陆舰 / 170
- 法国"西北风"级两栖攻击舰 / 171
- 苏联/俄罗斯"蟾蜍"级坦克登陆舰 / 172
- 苏联/俄罗斯"野牛"级气垫登陆艇 / 172
- 意大利"圣·乔治奥"级船坞登陆舰 / 173
- 西班牙"胡安·卡洛斯一世"号两栖攻击舰 / 174
- 荷兰/西班牙"鹿特丹"级船坞登陆舰 / 175
- 希腊"杰森"级坦克登陆舰 / 176
- 新加坡"坚韧"级船坞登陆舰 / 177
- 日本"大隅"级两栖运输舰 / 178
- 韩国"独岛"级两栖攻击舰 / 179

第7章 战舰之拳——舰载武器 / 181

- 美国Mk 45型127毫米舰炮 / 182
- 美国"密集阵"近程防御武器系统 / 183
- 美国RIM-7"海麻雀"舰对空导弹 / 184
- 美国RIM-8"黄铜骑士"舰对空导弹 / 185
- 美国RIM-24"鞑靼人"舰对空导弹 / 186
- 美国RIM-66"标准"Ⅰ/Ⅱ型舰对空导弹 / 187
- 美国RIM-116"拉姆"舰对空导弹 / 188
- 美国RIM-162改进型"海麻雀"舰对空导弹 / 189
- 美国RIM-174"标准"Ⅵ型舰对空导弹 / 190
- 美国RGM-84"鱼叉"反舰导弹 / 191
- 美国AGM-119"企鹅"反舰导弹 / 192
- 美国RUR-5"阿斯洛克"反潜导弹 / 193
- 美国UGM-27"北极星"潜射弹道导弹 / 194
- 美国UGM-96"三叉戟"Ⅰ型潜射弹道导弹 / 195
- 美国UGM-133"三叉戟"Ⅱ型潜射弹道导弹 / 196
- 美国RIM-161"标准"Ⅲ型反弹道导弹 / 197
- 美国BGM-109"战斧"巡航导弹 / 198
- 美国Mk 46型轻型鱼雷 / 199
- 美国Mk 48型重型鱼雷 / 200
- 美国Mk 50型轻型鱼雷 / 201
- 美国Mk 54型轻型鱼雷 / 202
- 苏联/俄罗斯AK-130型130毫米舰炮 / 203
- 苏联/俄罗斯"卡什坦"近程防御武器系统 / 204
- 苏联/俄罗斯SS-N-25反舰导弹 / 205
- 英国Mk 8型114毫米舰炮 / 206
- 英国"海标枪"舰对空导弹 / 207
- 英国"海狼"舰对空导弹 / 208
- 英国"海上大鸥"反舰导弹 / 209
- 法国"紫菀"舰对空导弹 / 210
- 法国"飞鱼"反舰导弹 / 211
- 荷兰"守门员"近程防御武器系统 / 212
- 西班牙"梅罗卡"近程防御武器系统 / 213
- 意大利奥托·梅腊拉127毫米舰炮 / 214
- 意大利奥托·梅腊拉76毫米舰炮 / 215

参考文献 / 216

第1章 制海斗士——海军漫谈

海军是一个历史悠久的军种,它以舰艇为主线,从原始简单的古代战船,发展到多系统的现代舰艇,从个别分散的技术推演出密集综合的技术,经历了数千年的漫长发展过程。本章主要介绍海军的发展历史以及海军武器的分类。

海军发展简史

海军的产生和发展与军用舰艇的演变过程密不可分。公元前1200多年，埃及、腓尼基和希腊等地就已经出现了战船，主要用桨划行，有时辅以风帆。中国的造船技术在历史上也一度处于领先地位，在7000年前已能制造独木舟和船桨，春秋战国时期已建造用于水战的大型战船。公元前5世纪，地中海国家已建立海上舰队，有双层和三层桨战船，艏柱下端有船艏冲角。古代史上著名的布匿战争中，罗马舰队用这种战船击溃海上强国迦太基，建立了在地中海的海上霸权。到了15～16世纪，西方帆船舰队的发展，帆装和驶帆等技术的日趋完善，对新航路的开辟及殖民地的掠夺和开发起了推动作用。

16世纪英国与西班牙之间的格拉沃利讷海战油画

总的来说，古代生产力低下，科学技术不发达，海军技术发展缓慢，使用木质桨帆战船，一直延续几千年。船上战斗人员主要使用刀、矛、箭、戟、弩炮投掷器和早期的火器等进行交战。直到18世纪，蒸汽机的发明，冶金、机械和燃料工业的发展，使得造船的材料、动力装置、武器装备和建造工艺发生了根本变革，为近代海军技术奠定了物质基础。军舰开始采用蒸汽机作为主动力装置。初期的蒸汽舰以明轮推进，同时甲板上设置有可旋转的平台和滑轨，使舰炮可以转动和移动。与同级的风帆战舰相比，其机动性能和舰炮威力都大为提高。

19世纪30年代，人类发明了螺旋桨推进器。1849年，法国建成第一艘螺旋桨推进的蒸汽战列舰"拿破仑"号。此后，法、英、俄等国海军都开始装备蒸汽舰。60年代出现鱼雷后，随即出现装备鱼雷的小型舰艇。70年代，许多国家的海军基本完成了从帆船舰队向蒸汽舰队的过渡，海军的组织体制、指挥体制进一步完善，军舰日益向增大排水量、提高机动性能、增强舰炮攻击力和加强装甲防护的方向发展，装甲舰尤其是由战列舰和战列巡洋舰组成的主力舰，成为舰队的骨干力量。

英国于18世纪中期建造的"胜利"号风帆战列舰

"拿破仑"号战列舰绘画作品

二战时浩浩荡荡的英国军舰编队

正在发射导弹的美军驱逐舰

20世纪初,柴油机-电动机双推进系统潜艇研制成功,使潜艇具备一定的实战能力,海军又增加了一个新的兵种——潜艇部队。英国海军装备"无畏"级战列舰和战列巡洋舰以后,海军发展进入"巨舰大炮主义"时代。英、美、法、日、意、德等海军强国之间,展开以发展主力舰为中心的海军军备竞赛。

1914年第一次世界大战(以下简称一战)爆发时,各主要参战国海军共拥有主力舰150余艘,装备鱼雷的小型舰艇成为具有可以击毁大型战舰的轻型海军兵力。20世纪20~30年代,海军有了第一批航空母舰和舰载航空兵,岸基航空兵也得到发展,海军航空兵成为争夺海洋制空权的主要兵种。至此,海军已发展成为由多兵种组成的,能在广阔海洋战场上进行立体作战和合同作战的军种。

第二次世界大战(以下简称二战)时期,由于造船焊接工艺的广泛应用、分段建造技术和机械、设备的标准化,保证了战时能快速、批量地建造舰艇。在战争中,战列舰和战列巡洋舰逐渐失去主力舰的地位,而航空母舰和潜艇发展迅速。航空母舰编队或航空母舰编队群的机动作战、潜艇战和反潜艇战成为海战的重要形式,改变了传统的海战方式。与此同时,磁控管等电子元器件、微波技术、模拟计算机等关键技术的突破,出现了舰艇雷达、机电式指挥仪等新装备,形成舰炮系统,使水面舰艇攻防能力大为提高。

二战后,人类进入了核时代,核导弹、核鱼雷、核水雷、核深水炸弹相继出现,潜艇、航空母舰向核动力化发展。20世纪50~60年代,航空母舰搭载喷气式超音速海军飞机之后,垂直/短距起落飞机、直升机等又相继装舰,使大中型舰艇普遍具有海空立体作战能力。潜射弹道导弹、中远程巡航导弹、反舰导弹、反潜导弹、舰空导弹、自导鱼雷、制导炮弹等一系列精确制导武器装备海军,进一步增强了现代海军的攻防作战、有限威慑和反威慑的能力。70年代以后,军用卫星、数据链通信、相控阵雷达、水声监视系统、电子信息技术和电子计算机的广泛应用,使现代海军武器逐步实现自动化、系统化,并向智能化方向发展,使海军技术发展成为高度综合的技术体系。

20世纪90年代,世界上拥有海军的国家和地区已达100多个,组织编制各不相同。此后随着国际贸易和航运的日益扩大,海洋开发的扩展,国际海洋斗争日趋激烈。濒海国家都非常重视海军的建设和发展,不断运用科学技术的新成果,发展海军的新武器,提高统一指挥水平和快速反应、超视距作战能力。

美国海军水兵

美国海军航母战斗群

海军武器分类

海军武器是海军诸兵种执行作战、训练任务和实施勤务保障的各种战斗装备的总称,其中最重要的就是各类作战舰艇。根据排水量和作战形态,海军作战舰艇大致可分为大型水面军舰、中型水面军舰、小型水面舰艇、两栖舰艇和潜艇几个类别。

大型水面军舰是指排水量最大的一类军舰,满载排水量通常在 8000 吨以上,主要包括战列舰(battleship)、巡洋舰(cruiser)和航空母舰(aircraft carrier)。战列舰是一种以大口径火炮作为主要攻击手段,并拥有厚重装甲、具备强大防护力的高吨位海军作战舰艇。自 19 世纪 60 年代出现开始,到二战中后期逐渐式微为止,期间一直是各主要海权国家的主力舰种。随着导弹的出现,火炮在军舰上的作用大幅降低,而主要依靠大口径火炮作战的战列舰难免被淘汰。巡洋舰在火力、排水量和装甲防护等方面仅次于战列舰,拥有同时对付多个作战目标的能力,并能胜任多种任务。与战列舰一样,巡洋舰在现代海军中也已衰落,仅有少数国家还在使用。航空母舰是以舰载机为主要武器并作为其海上活动基地的大型水面战斗舰艇,其舰体通常拥有巨大的甲板和坐落于左右其中一侧的舰岛。航空母舰在二战中崭露头角,时至今日已是

美国"尼米兹"级航空母舰

美国"阿利·伯克"级驱逐舰

美国"飞马座"级导弹艇

现代海军不可或缺的武器。

中型水面军舰的排水量仅次于大型水面军舰，满载排水量通常在2000~8000吨之间，主要包括驱逐舰（destroyer）和护卫舰（frigate）。驱逐舰是现代海军舰艇中用途最广泛、建造数量最多的主战舰艇之一，通常用于攻击水面舰船、潜艇和岸上等目标，并能执行舰队防空、侦察、巡逻、警戒、护航和布雷等任务。护卫舰曾被称为护航舰或护航驱逐舰，武器装备以中小口径舰炮、导弹、鱼雷、水雷和深水炸弹为主，可执行反潜、防空、护航、侦察、布雷、警戒巡逻、支援登陆和保障陆军濒海翼侧作战等任务。

小型水面舰艇的排水量较小，满载排水量通常在2000吨以下，主要包括导弹艇（missile boat）和扫雷舰（mine sweeper）等。一般来说，标准排水量在500吨以上的称为"舰"，500吨以下的称为"艇"。导弹艇自20世纪50年代末问世以来，在第三次中东战争及其以后的局部战争中得到广泛运用。这种小型战斗舰艇机动灵活、隐蔽性好、战斗威力大，被越来越多的国家重视。扫雷舰专门用以清扫海中的水雷，以保护船只航行航道安全。扫雷舰一般属于第二线的作战舰艇，船上的武装以自卫为主。

两栖舰艇也称登陆舰艇，它是一种用于运载登陆部队、武器装备、物资车辆、直升机等进行登陆作战的舰艇，出现于二战中，并于20世纪50年代以后大力发展起来。两栖舰艇分为登陆舰、登陆艇、两栖攻击舰、登陆运输舰、两栖物资运

美国"黄蜂"级两栖攻击舰

输舰等。

潜艇（submarine）是一种能在水下运行的舰艇。现代潜艇按照动力可分为常规动力潜艇与核潜艇；按照作战使命分为攻击型潜艇与战略导弹潜艇；按照排水量，常规动力潜艇可分为大型潜艇（满载排水量在2000吨以上）、中型潜艇（满载排水量为600~2000吨）、小型潜艇（潜航排水量为100~600吨）和袖珍潜艇（满载排水量在100吨以下）四类，而核潜艇的排水量通常在3000吨以上。

澳大利亚"阿米达尔"级巡逻舰

美国"洛杉矶"级潜艇

第2章 海战核心——大型水面军舰

在现代海军中,大型军舰主要有战列舰、巡洋舰和航空母舰等,这些军舰是海战中当之无愧的主力。目前,战列舰和巡洋舰已经逐渐淡出历史舞台,而航空母舰则已成为现代海军不可或缺的利器,也是一个国家综合国力的象征。本章主要介绍世界各国自二战以来建造的经典大型军舰。

美国"衣阿华"级战列舰

"衣阿华"级战列舰（Iowa class battleship）是美国海军建成的排水量最大的一级战列舰，也是美国事实上的最后一级战列舰。首舰于1943年2月22日开始服役，同级舰一共6艘，目前已全部退役，有两艘成为浮动博物馆。

"衣阿华"级战列舰的舰体细长，舰体长宽比为8.18∶1，水线长宽比为7.96∶1，而当时其他战列舰的长宽比大多不超过7∶1。这种舰体设计能让"衣阿华"级战列舰顺利通过巴拿马运河，在大西洋和太平洋之间快速调动，不过也带来主炮齐射时稳定性差等问题。

"衣阿华"级战列舰装有3座三联装主炮塔，采用Mk 7型406毫米主炮，发射Mk 8型穿甲弹，在14.5海里（1海里=1.852千米，下同）的距离上可穿透381毫米的垂直装甲。高炮为10座双联装127毫米高平两用炮，对空射程为6海里。此外，该级舰还装备了15座四联装40毫米博福斯机炮和60门20毫米厄利孔机炮。20世纪80年代改造升级后，拆除了所有20毫米、40毫米机炮以及4座双联装127毫米高平两用炮，替换为8座四联装"战斧"巡航导弹发射器、4座四联装"鱼叉"反舰导弹发射器、4座密集阵近防系统等新武器，并增设直升机起降平台。

基本参数

标准排水量：	45000吨
满载排水量：	58000吨
全长：	270米
全宽：	33米
吃水深度：	11米
最高速度：	31节

【战地花絮】

1945年9月，日本代表在"衣阿华"级三号舰"密苏里"号上签署了著名的降伏文书，宣告日本正式投降。该舰于1992年3月31日退役，"衣阿华"级战列舰也因此成为世界上最晚退役的战列舰。此外，首舰"衣阿华"号因美国总统富兰克林·罗斯福的需要，而成为历史上唯一有浴缸的战列舰。

同级舰

舷号	舰名
BB-61	"衣阿华"
BB-62	"新泽西"
BB-63	"密苏里"
BB-64	"威斯康星"
BB-65	"伊利诺伊"
BB-66	"肯塔基"

作为博物馆舰的首舰"衣阿华"号（BB-61）

二号舰"新泽西"号侧面视角

"衣阿华"级战列舰正在开火

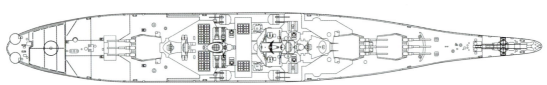

"衣阿华"级战列舰结构图

美国"长滩"号巡洋舰

"长滩"号巡洋舰（USS Long Beach cruiser）是美国建造的世界上第一艘核动力水面战斗舰艇，舰名取自美国加利福尼亚州的长滩市。该舰于1959年开工建造，1961年建成服役，1995年5月1日退役。

"长滩"号巡洋舰的动力核心为两具与美国首艘核动力潜艇"鹦鹉螺"号相同的西屋CIW压水式反应堆，服役初期装有2座双联装RIM-2防空导弹发射器、1座双联装RIM-8防空导弹发射器（1979年撤除）、1座八联装"阿斯洛克"反潜导弹发射器、2座127毫米单装炮和2座三联装Mk 32反潜鱼雷发射管，服役后陆续加装了2座20毫米"密集阵"近防系统、2座四联装"鱼叉"反舰导弹发射器和2座四联装"战斧"巡航导弹装甲箱型发射器。由于导弹和高科技侦测设备的应用，"长滩"号巡洋舰舍弃了以往巡洋舰必备的重型装甲，仅在弹药库设有一层较薄的装甲。

基本参数
标准排水量：15540吨
满载排水量：17120吨
全长：219.8米
全宽：21.8米
吃水深度：9.3米
最高速度：30节

【战地花絮】

"长滩"号于巡洋舰1961年首航后，服役4年后才更换了燃料棒，此时该舰已经航行了将近27万千米。

"长滩"号巡洋舰高速航行

"长滩"号巡洋舰与"洛杉矶"级潜艇

"长滩"号巡洋舰侧面视角

美国"莱希"级巡洋舰

"莱希"级巡洋舰（Leahy class cruiser）是美国于20世纪50年代末建造的导弹巡洋舰，一共建成9艘。该级舰作为航空母舰编队的组成部分之一，首要使命是防空作战，其次是反潜，同时可用于支援两栖作战。

"莱希"级巡洋舰采用长艏楼舰型，艏部平直倾斜，艏部下方设有球鼻艏声呐导流罩。为了防止烟雾对武器和电子设备的腐蚀，该级舰采用了烟囱和桅杆一体化结构。动力装置为2台蒸汽轮机，蒸汽轮机使用了铬、钼和镍合金钢材料，适合在高温、高压的恶劣环境下工作，且重量较轻、可靠性较好。武器装备方面，"莱希"级巡洋舰装有2座四联装"鱼叉"舰对舰导弹、2座Mk 10型SM-2ER"标准"舰对空导弹、1座八联装Mk 16"阿斯洛克"反潜导弹，同时在舰中部两侧还布置了2座Mk 32鱼雷发射装置。此外，还设有2座30毫米"密集阵"近防系统。

基本参数	
标准排水量：	5912吨
满载排水量：	8203吨
全长：	162.5米
全宽：	16.6米
吃水深度：	7.6米
最高速度：	32节

「同级舰」

舷号	舰名
CG-16	"莱希"
CG-17	"哈里·亚纳尔"
CG-18	"沃登"
CG-19	"戴尔"
CG-20	"里士满·特纳"
CG-21	"葛瑞德利"
CG-22	"英格兰"
CG-23	"哈尔西"
CG-24	"里夫斯"

"莱希"级巡洋舰侧前方视角

"莱希"级巡洋舰高速航行

"莱希"级巡洋舰前方视角

美国"班布里奇"号巡洋舰

"班布里奇"号巡洋舰（USS Bainbridge cruiser）是美国第二代核动力导弹巡洋舰，也是美国海军继"长滩"号巡洋舰、"企业"号航空母舰后第三艘核动力水面舰艇。该舰于1959年5月铺设龙骨，1961年4月下水，1962年10月开始服役，1996年9月退役。

"班布里奇"号巡洋舰装有3座四联装"鱼叉"舰对舰导弹、2座双联装Mk 10型"标准"ER中程舰对空导弹（配备导弹80发）、1座八联装Mk 16"阿斯洛克"反潜导弹、2座三联装324毫米Mk 32鱼雷发射管和2座"密集阵"近防系统。该舰设有直升机起降平台，但没有机库。"班布里奇"号巡洋舰的电子设备也较为先进，拥有多部对海、对空、火控和导航雷达，以及SQQ23型声呐、"塔康"战术导航系统和WSC3型卫星通信系统等。

【战地花絮】

1964年5月13日，"班布里奇"号巡洋舰、"长滩"号巡洋舰以及"企业"号航空母舰（美国海军第一艘核动力航空母舰）组成"第一特遣群"，成为海军史上第一支全部以核动力舰艇组成的舰队，随即展开环绕地球一周的航行，历时65天。

基本参数	
标准排水量：	7800吨
满载排水量：	8592吨
全长：	172.1米
全宽：	17.6米
吃水深度：	7.9米
最高速度：	34节

"班布里奇"号巡洋舰发射导弹

"班布里奇"号巡洋舰（右）与"中途岛"号航空母舰（左）编队航行

"班布里奇"号巡洋舰高速航行

美国"贝尔纳普"级巡洋舰

"贝尔纳普"级巡洋舰（Belknap class cruiser）是美国于20世纪60年代建造的导弹巡洋舰，一共建造了9艘。最初，美国海军将该级舰定为导弹护卫舰，1975年6月30日起改称导弹巡洋舰。

基本参数

标准排水量：	5496吨
满载排水量：	7930吨
全长：	167米
全宽：	17米
吃水深度：	8.8米
最高速度：	32节

"贝尔纳普"级巡洋舰是在"莱希"级巡洋舰的基础上改进而来，两者在舰体线型、结构、动力装置等方面完全相同。"贝尔纳普"级巡洋舰的武器精良，共有2座四联装"鱼叉"导弹发射器、1座双联Mk 10导弹发射架、2座"密集阵"近防系统、1门127毫米舰炮，以及箔条式干扰火箭发射器。此外，舰上还搭载有1架"拉姆普斯"反潜直升机。该级舰的电子设备性能也十分先进，有多部对空、对海雷达及电子战系统等。

【战地花絮】

首舰"贝尔纳普"号曾于1975年11月与"肯尼迪"号航空母舰相撞，舰体严重受损，后经过大规模的修理与改装，于1980年5月重新服役。

「同级舰」

舷号	舰名
DLG-26	"贝尔纳普"
DLG-27	"约瑟夫斯·丹尼尔斯"
DLG-28	"温赖特"
DLG-29	"朱厄特"
DLG-30	"霍恩"
DLG-31	"斯特瑞特"
DLG-32	"威廉·斯坦利"
DLG-33	"福克斯"
DLG-34	"比德尔"

"贝尔纳普"级巡洋舰侧面视角

"贝尔纳普"级巡洋舰高速航行

"贝尔纳普"级巡洋舰在近海执行任务

美国"加利福尼亚"级巡洋舰

"加利福尼亚"级巡洋舰（California class cruiser）是美国于20世纪70年代建造的核动力巡洋舰，属美国海军第四代核动力导弹巡洋舰，一共建造了2艘。

"加利福尼亚"级巡洋舰装有2座四联装"鱼叉"舰对舰导弹发射装置、2座SM-1MR"标准"舰对空导弹发射装置、1座八联装Mk 16"阿斯洛克"反潜导弹发射装置、2座Mk 32三联装反潜鱼雷发射管、2座20毫米Mk 15"密集阵"近防系统以及Mk 36箔条火箭发射架。舰上还设有直升机起降平台，可供SH-2直升机、SH-3直升机或CH-46直升机起降。电子设备方面，该级舰装有多部对空、对海搜索雷达，多套指挥控制系统。

「同级舰」

舷号	舰名	服役时间	退役时间
CGN-36	"加利福尼亚"	1974年2月16日	1999年7月9日
CGN-37	"南卡罗来纳"	1975年1月25日	1999年7月30日

"加利福尼亚"级巡洋舰侧前方视角

基本参数
标准排水量：9560吨
满载排水量：10800吨
全长：179米
全宽：19米
吃水深度：9.6米
最高速度：30节

"加利福尼亚"级巡洋舰高速航行

"加利福尼亚"级巡洋舰侧面视角

美国"弗吉尼亚"级巡洋舰

"弗吉尼亚"级巡洋舰（Virginia class cruiser）是美国于20世纪70年代建造的核动力导弹巡洋舰，原计划建造11艘，后7艘准备安装当时最新式的"宙斯盾"系统，但由于造价昂贵，同时也因为"提康德罗加"级巡洋舰已开始服役，最终只建造了4艘。

"弗吉尼亚"级巡洋舰的反舰武器主要是反舰型"战斧"导弹，辅助反舰武器为"鱼叉"反舰导弹，此外还有两座127毫米舰炮。防空方面，主要依靠两座双联装Mk 26导弹发射装置，可发射"标准"Ⅱ防空导弹。近程防御方面，使用著名的"密集阵"近防系统。反潜方面，主要依靠Mk 26导弹发射装置发射"阿斯洛克"反潜导弹，备弹24枚。辅助反潜设备为2座三联装Mk 32反潜鱼雷发射器。此外，该级舰还可搭载2架直升机。

同级舰

舷号	舰名	服役时间	退役时间
CGN-38	"弗吉尼亚"	1976年9月11日	1994年11月10日
CGN-39	"得克萨斯"	1977年9月10日	1993年7月16日
CGN-40	"密西西比"	1978年8月5日	1997年7月28日
CGN-41	"阿肯色"	1980年10月18日	1998年7月7日

【战地花絮】

1996年美国海军研究指出，"弗吉尼亚"级巡洋舰每年的运行成本约是4000万美元，比起两个有更强大的宙斯盾作战系统的"提康德罗加"级巡洋舰和"阿利·伯克"级驱逐舰，它们都分别只需2800万美元和2000万美元。鉴于成本较高，这样的巡洋舰提早退役是无可避免的。

基本参数

标准排水量：10663吨
满载排水量：11300吨
全长：178.3米
全宽：19.2米
吃水深度：9.6米
最高速度：30节

"弗吉尼亚"级巡洋舰侧面视角

美国"提康德罗加"级巡洋舰

"弗吉尼亚"级巡洋舰高速航行

"提康德罗加"级巡洋舰（Ticonderoga class cruiser）是美国海军第一种配备"宙斯盾"系统的作战舰只，首舰于1980年3月开始建造，直到1994年7月，全部27艘建成服役。目前该级舰是美国海军唯一一级巡洋舰，截至2016年仍有22艘在役。

"提康德罗加"级巡洋舰的武器配置比较全面，涵盖了反潜、反舰、防空和对地四个种类。由于该级舰的主要任务是防空，所以防空能力较为突出，装备了先进的"宙斯盾"防空系统。防空作战主要依靠2座Mk 41垂直发射系统发射"标准"Ⅱ导弹（共可装载122枚），近程防御方面则使用2座Mk 15"密集阵"近防系统。除此之外，该级舰还装有2座四联装"鱼叉"导弹发射器、2座Mk 32鱼雷发射管和20枚RUR-5"阿斯洛克"反潜火箭。

基本参数

标准排水量：	7652吨
满载排水量：	9590吨
全长：	173米
全宽：	16.8米
吃水深度：	10.2米
最高速度：	32.5节

【战地花絮】

除"汤马斯·盖兹"号巡洋舰之外，"提康德罗加"级巡洋舰的其他各舰均采用美国历史上的著名古战场命名，其中还有至少12艘继承了美国在二战时期的航空母舰舰名。海湾战争中，"提康德罗加"级首次对伊拉克实施"战斧"导弹攻击，顺利为航空母舰上的舰载机与驻扎在科威特及沙特阿拉伯的轰炸机清除伊军的地面防空武力。

"提康德罗加"级巡洋舰开火

"提康德罗加"级巡洋舰前方视角

"提康德罗加"级巡洋舰高速航行

美国"中途岛"级航空母舰

"中途岛"级航空母舰（Midway class aircraft carrier）是美国于1943年开始建造的大型航空母舰，首舰服役时二战已经结束。该级舰经历了喷气时代的改装，参加过二战后多场局部战争。虽然该级舰的设计存在不少缺点，但出于对大型航空母舰的迫切需求，它们仍在美国海军中服役了很长时间，直到1992年才退役。

"中途岛"级航空母舰是一种全新的设计，修正了"埃塞克斯"级航空母舰存在的一些问题，但仍存在不少缺点，如潮湿、拥挤和过于复杂化等，而这些缺点一直没有得到解决。该级舰的自卫武器为18门127毫米单管主炮、21门双联装40毫米博福斯防空炮和28门20毫米厄利孔单管防空炮，后期经过升级改装后，增设了2座八联装"海麻雀"导弹发射装置和2座"密集阵"近防系统。在服役初期，"中途岛"级航空母舰最多可搭载130架舰载机，20世纪80年代后通常搭载55架新式舰载机。

基本参数

标准排水量：45000吨
满载排水量：60000吨
全长：305米
全宽：41米
吃水深度：11米
最高速度：33节

【战地花絮】

1945年11月7日至1946年1月2日，首舰"中途岛"号航空母舰到加勒比海试航并训练飞行员。由于负载超重，舰艏经常撞入大浪之中，使飞行甲板及前部机库甲板经常过量进水，舰体的稳定性因此降低，此问题一直无法妥善解决。

同级舰

舰号	舰名	服役时间	退役时间
CV-41	"中途岛"	1945年9月10日	1992年4月11日
CV-42	"罗斯福"	1945年10月27日	1977年9月30日
CV-43	"珊瑚海"	1947年10月1日	1990年4月26日

"中途岛"级航空母舰正面视角

"中途岛"级航空母舰高速航行

"中途岛"级航空母舰后方视角

美国"福莱斯特"级航空母舰

"福莱斯特"级航空母舰（Forrestal class aircraft carrier）是美国海军在二战结束后首批为配合喷气式飞机的诞生而建造的航空母舰，一共建造了4艘。

与前一代的"中途岛"级航空母舰相比，"福莱斯特"级航空母舰的满载排水量大幅增加，跨越了一个崭新的船舰尺码门槛，因此被认为是世界上第一种实际建造的超级航空母舰。"福莱斯特"级航空母舰首次采用了蒸汽弹射器，并吸取英国航空母舰的设计经验，将传统的直通式飞行甲板改为斜角、直通混合布置的飞行甲板，使整个飞行甲板形成起飞、待命和降落三个区，可同时进行起飞和着舰作业，从而形成了美国当今航空母舰的基本模式。一般情况下，该级舰可搭载80架舰载战斗机和6架直升机。

基本参数
- 标准排水量：60000吨
- 满载排水量：81101吨
- 全长：325米
- 全宽：73米
- 吃水深度：11米
- 最高速度：33节

「同级舰」

舰号	舰名	服役时间	退役时间
CV-59	"福莱斯特"	1955年10月1日	1993年9月11日
CV-60	"萨拉托加"	1956年4月14日	1994年8月20日
CV-61	"游骑兵"	1957年8月10日	1993年7月10日
CV-62	"独立"	1959年1月10日	1998年9月30日

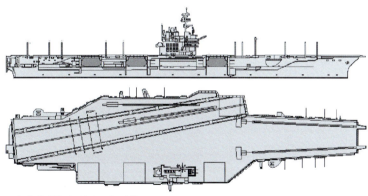
"福莱斯特"级航空母舰结构图

俯瞰"福莱斯特"级航空母舰

【战地花絮】

在本级舰开始发展前，美国海军原计划建造5艘"美国"级航空母舰，但计划因种种原因而取消，并导致当时支持此计划的美国第一任国防部长詹姆斯·福莱斯特自杀。为此，美国海军将之后发展的新型航空母舰命名为"福莱斯特"级。

三号舰"游骑兵"号航空母舰舰艏视角

"萨拉托加"号航空母舰及其搭载的舰载机

美国"小鹰"级航空母舰

"小鹰"级航空母舰（Kitty Hawk class aircraft carrier）是美国建造的最后一级常规动力航空母舰，也是世界上最大的一级常规动力航空母舰。

"小鹰"级航空母舰在总体设计上沿袭了"福莱斯特"级航空母舰的设计特点，其舰型特点、尺寸、排水量、动力装置等都与"福莱斯特"级航空母舰基本相同，但"小鹰"级航空母舰在上层建筑、防空武器、电子设备、舰载机配备等方面均做了较大改进。"小鹰"级航空母舰共拥有4条Mk 7拦截索、4具C-13蒸汽弹射器，飞行甲板的面积有所增加，布局也有所改良。"小鹰"级航空母舰的飞机升降机与蒸汽弹射器虽然在数目上与"福莱斯特"级航空母舰相同，但是在安装位置上做了改进。

"小鹰"级航空母舰的自卫武器为3座八联装"海麻雀"防空导弹发射装置和3座Mk 15"密集阵"近防系统，并装有4座Mk 36 SRBOC红外曳光弹和干扰箔条弹发射器，1部SLQ-36"水精"拖曳式鱼雷诱饵。一般情况下，该级舰可搭载40架F/A-18"大黄蜂"战斗/攻击机、4架EA-6B"徘徊者"电子战飞机、4架E-2C"鹰眼"预警机、6架SH-60"海鹰"直升机、6架S-3B"北欧海盗"反潜机和1架C-2A"灰狗"运输机。

基本参数	
标准排水量：	60933吨
满载排水量：	83301吨
全长：	325.8米
全宽：	86米
吃水深度：	12米
最高速度：	33节

"小鹰"号航空母舰（右）及其他美国军舰

「同级舰」

舰号	舰名	服役时间	退役时间
CV-63	"小鹰"	1961年4月29日	2009年1月31日
CV-64	"星座"	1961年10月27日	2003年8月6日
CV-66	"美利坚"	1965年1月23日	1996年8月9日
CV-67	"肯尼迪"	1968年9月7日	2007年8月1日

"星座"号航空母舰在海上执行任务

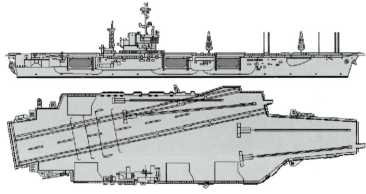

"小鹰"级航空母舰结构图

美国"企业"号航空母舰

"企业"号航空母舰(USS Enterprise aircraft carrier)是世界上第一艘核动力航空母舰,也是美国历史上第八艘以"企业"为名的军舰。该舰已于1958年2月4日开工建造,1961年11月25日服役,2012年12月1日举行退役典礼。

基本参数
- 标准排水量:75700吨
- 满载排水量:94781吨
- 全长:342米
- 全宽:78.4米
- 吃水深度:12米
- 最高速度:33节

【战地花絮】

由于美国海军拆除"企业"号航空母舰的核反应炉时,必须拆解机库两层甲板以下的大部分舰体,因此该舰无法保留作为博物馆舰,此外上层建筑也因成本过高而无法保留。

"企业"号航空母舰的外形与"小鹰"级航空母舰基本相同,采用了封闭式飞行甲板,从舰底至飞行甲板形成整体箱形结构。飞行甲板为强力甲板,厚达50毫米,并在关键部位加装装甲。水下部分的舷侧装甲厚达150毫米,并设有多层防雷隔舱。在斜直两段甲板上分别设有2部C-13蒸汽弹射器,斜角甲板上设有4道Mk 7拦阻索和1道拦阻网,升降机分布为右舷3部,左舷1部。

"企业"号航空母舰的自卫武器为3座八联装"海麻雀"防空导弹发射装置和3座Mk 15"密集阵"近防系统。舰载机方面,该级舰通常搭载20架F-14"雄猫"战斗机、36架F/A-18"大黄蜂"战斗/攻击机、4架EA-6B"徘徊者"电子干扰机、4架E-2C"鹰眼"预警机、8架S-3B"北欧海盗"反潜机、4架SH-60"海鹰"直升机和2架HH-60"铺路鹰"直升机。

"企业"号航空母舰及其搭载的SH-60"海鹰"直升机

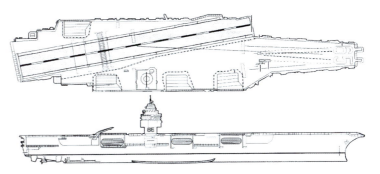

"企业"号航空母舰结构图

"企业"号航空母舰在其服役50周年之际拼出著名的质能方程

"企业"号航空母舰正面视角

美国"尼米兹"级航空母舰

"尼米兹"级航空母舰（Nimitz class aircraft carrier）是美国海军现役的核动力航空母舰，一共建造了10艘。该级舰前三艘和后七艘的规格略有不同，因此也有人将后七艘称为"罗斯福"级。不过，美国海军官方对这两种舰只构型并不做区别，一律称呼为"尼米兹"级。

"尼米兹"级航空母舰装备4座升降机、4台蒸汽弹射器和4条拦阻索，可以每20秒弹射出一架作战飞机。舰载作战联队中的机型配备根据作战任务性质的不同也有所不同，可搭载不同用途的舰载飞机对敌方飞机、船只、潜艇和陆地目标发动攻击，并保护海上舰队。以它为核心的航空母舰战斗群通常由4~6艘巡洋舰、驱逐舰、潜艇和补给舰只构成。"尼米兹"级航空母舰的自卫武器为24枚RIM-7"海麻雀"防空导弹和4座"密集阵"近防系统。该级舰可搭载90架舰载机，均是美国海军目前最先进的舰载机型。

基本参数
标准排水量：80750吨
满载排水量：102000吨
全长：332.8米
全宽：76米
吃水深度：11.9米
最高速度：30节

"林肯"号航空母舰在阿拉伯海航行

"华盛顿"号航空母舰侧后方视角

「同级舰」

舷号	舰名	舷号	舰名
CVN-68	"尼米兹"	CVN-73	"华盛顿"
CVN-69	"艾森豪威尔"	CVN-74	"斯坦尼斯"
CVN-70	"卡尔·文森"	CVN-75	"杜鲁门"
CVN-71	"罗斯福"	CVN-76	"里根"
CVN-72	"林肯"	CVN-77	"布什"

"斯坦尼斯"号航空母舰正面视角

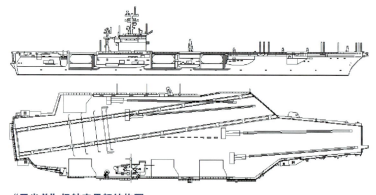
"尼米兹"级航空母舰结构图

【战地花絮】

1998年，首舰"尼米兹"号航空母舰成为美国第一艘在服役多年后回厂添加推进用核原料的航空母舰，整个过程一共用了33个月。虽然耗时较长，但加一次燃料可工作13~15年。

美国"杰拉德·R.福特"级航空母舰

"杰拉德·R.福特"级航空母舰（Gerald R. Ford class aircraft carrier）是美国海军第三代核动力航空母舰，通常简称"福特"级。该级舰是以"尼米兹"级航空母舰的基本概念为蓝本，进一步改良而成的新舰级。该级舰计划建造10艘，首舰"福特"号于2009年11月开工建造，2017年7月开始服役。

"福特"级航空母舰的改良重点有三个方面，包括提升新航舰的作战能力、改善官兵在舰上的生活品质、降低成本。与"尼米兹"级相比，"福特"级的舰岛向后移了数十米，设计更加紧凑并且具备隐形能力。飞行甲板面积更大，能够大幅提升战机出击率。新型A1B反应炉的发电量为"尼米兹"级的3倍，其服役期间（50年）不用更换核燃料棒。此外，还重新设计了燃料配置和弹药库，舰员舱也有所改进，每个住舱都配有卫生间，舰员的生活空间也更私密化。

"福特"号配备了4具电磁弹射器和先进降落拦截系统（含3条拦阻索和1道拦阻网），比传统拦阻索和蒸汽弹射器的效率更高，甚至能起降无人飞机。该舰有两座机库、三座升降台，配合加大的飞行甲板，能够大幅提升战机出击率。改良的武器与物资操作设计，能在舰上更有效地运送、调度弹药或后勤物资，大幅提升后勤效率。

基本参数	
标准排水量：	80000吨
满载排水量：	100000吨
全长：	337米
全宽：	78米
吃水深度：	12米
最高速度：	30节

测试中的"福特"号航空母舰

同级舰

舷号	舰名	开工时间	服役时间
CVN-78	"福特"	2009年11月	2017年7月
CVN-79	"肯尼迪"	2015年8月	2025年（计划）
CVN-80	"企业"	2022年（计划）	2028年（计划）

"福特"级航空母舰想象图

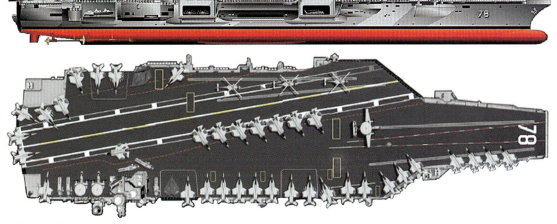
"福特"级航空母舰结构图

建造中的"福特"号航空母舰

英国"英王乔治五世"级战列舰

"英王乔治五世"级战列舰（King George V class battleship）是英国于20世纪30年代末建造的一级战列舰，也是二战前英国建造的最后一级战列舰，同级舰一共5艘。该级舰的设计遵守1936年第二次《伦敦海军条约》的规定，是典型的条约型战列舰。

"英王乔治五世"级战列舰采用平甲板船型，由于干舷高度较低，在恶劣海况下航海性能不佳。该级舰的舷侧水线装甲带是垂直布置的，与当时流行的倾斜布置不同。"英王乔治五世"级战列舰的主炮为2座四联装356毫米炮（舰艏和舰艉各一座）和1座双联装356毫米炮（舰艏），每40秒可齐射一次。副炮为8座双联装134毫米炮，最大射高为14.9千米。另外，还装有40毫米和20毫米高射炮，但数量前后变化较大。该级舰的四联装主炮塔可靠性较差，在服役后的一段时间中频频发生机械故障，主炮经常因为防火门连杆机构变形卡死而运作受阻。

"英王乔治五世"级战列舰侧面视角

【战地花絮】

1941年5月，二号舰"威尔士亲王"号在尚未完成测试调试时，就参加了堵截德国海军"俾斯麦"号战列舰的行动。1941年5月24日在丹麦海峡海战中，"威尔士亲王"号开火命中"俾斯麦"号，造成后者航速下降及燃油流失。在随后的战斗中，"威尔士亲王"号被七发炮弹命中并且受主炮故障困扰，不得不退出战斗。

基本参数
标准排水量： 35490吨
满载排水量： 40580吨
全长： 227.1米
全宽： 31.5米
吃水深度： 10.2米
最高速度： 28节

「同级舰」

舰号	舰名
41	"英王乔治五世"
53	"威尔士亲王"
17	"约克公爵"
79	"安森"
32	"豪"

"英王乔治五世"级战列舰侧前方视角

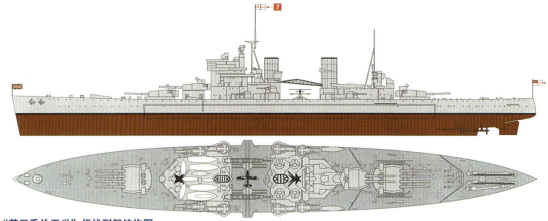

"英王乔治五世"级战列舰结构图

英国"无敌"级航空母舰

"无敌"级航空母舰（Invincible class aircraft carrier）是英国建造的轻型常规动力航空母舰，一共建造了3艘，首舰"无敌"号曾长期担任英国皇家海军的旗舰。

"无敌"级航空母舰最大的特点是应用了"滑跃"跑道，并首次采用了全燃汽轮机动力装置，使航空母舰进入了不依赖弹射装置便可以起降舰载战斗机的新时期。所谓"滑跃"跑道，即将飞行跑道前端约27米长的一段做成平缓曲面，向舰艏上翘7度，在舰载机滑跑距离不变的情况下可使飞机载重增加20%，在载重量不变的情况下则可使滑跑距离减少60%。

"无敌"级航空母舰的上层建筑集中于右舷侧，里面布置有飞行控制室、各种雷达天线、封闭式主桅和前后两个烟囱。飞行甲板下面设有7层甲板，中部设有机库和4个机舱。机库高7.6米，占有3层甲板，长度约为舰长的75%，可容纳20架飞机，机库两端各有一部升降机。该级舰的自卫武器为1座双联装"海标枪"中程防空导弹发射架、2门20毫米GAM-B01防空炮、3座"密集阵"近防系统和3座30毫米"守门员"近防炮。

同级舰

舷号	舰名	服役时间	退役时间
R05	"无敌"	1980年7月11日	2005年8月3日
R06	"卓越"	1982年6月20日	2014年8月28日
R07	"皇家方舟"	1985年11月1日	2011年3月11日

基本参数
- 标准排水量：16000吨
- 满载排水量：22000吨
- 全长：210米
- 全宽：36米
- 吃水深度：8.8米
- 最高速度：28节

【战地花絮】

1998年夏，该级舰的"无敌"号和"卓越"号参加了北约"坚定决心"联合演习。其中"无敌"号搭载1个海陆军混合直升机大队和700名海军陆战队队员，从而全面实现了"由海向陆"的作战概念。

"无敌"级航空母舰的跑道

"无敌"级航空母舰前方视角

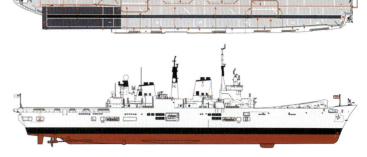
"无敌"级航空母舰结构图

英国"伊丽莎白女王"级航空母舰

"伊丽莎白女王"级航空母舰（Queen Elizabeth class aircraft carrier）是英国建造的常规动力航空母舰，取代"无敌"级航空母舰作为英国皇家海军的远洋主力。

"伊丽莎白女王"级航空母舰最突出的特点是采用分离的"双舰岛"设计，前舰岛负责航空母舰的航行控制，后舰岛负责舰载机控制。这种设计可以有效降低单一舰岛受创后导致丧失全部作战能力的风险，而且两座舰岛间还有多余空间可以增加大型升降机等设备。航空母舰右侧总共配置两台大型升降机，每台升降机最多一次可将两架战机从下层机库送至上层甲板。该级舰的机库可以容纳24架F-35战斗机、10架反潜直升机，其他10~12架舰载机则安置在甲板上。"伊丽莎白女王"级航空母舰首创"滑跃"甲板结合电磁弹射器的新概念，主力F-35战斗机使用弹射方式升空，可大幅增加该机的机身载重。由于预算不足，"伊丽莎白女王"号航空母舰并未采用昂贵的核反应堆，而是采用较便宜的柴油机及发电机组。

建造中的"伊丽莎白女王"号

「同级舰」

舰号	舰名	开工时间	服役时间
R08	"伊丽莎白女王"	2009年7月7日	2017年12月
R09	"威尔士亲王"	2011年5月26日	2019年12月

基本参数
- 标准排水量：45000吨
- 满载排水量：65000吨
- 全长：284米
- 全宽：73米
- 吃水深度：11米
- 最高速度：25节以上

【战地花絮】
2014年7月4日，该级舰的首舰"伊丽莎白女王"号在苏格兰法夫的罗塞斯船厂举行命名下水仪式，英国伊丽莎白女王二世出席典礼。

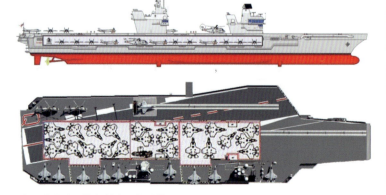
"伊丽莎白女王"级航空母舰结构图

"伊丽莎白女王"级航空母舰的舰岛

"伊丽莎白女王"级航空母舰想象图

法国"克莱蒙梭"级航空母舰

"克莱蒙梭"级航空母舰（Clemenceau class aircraft carrier）是法国自行建造的第一级航空母舰，一共建造两艘，首舰"克莱蒙梭"号于1955年11月开工，二号舰"福煦"号于1957年2月开工。目前，"克莱蒙梭"号已经退役，"福煦"号则于2000年卖给巴西海军并改造为"圣保罗"号。

"克莱蒙梭"级航空母舰属于传统式设计，拥有倾斜度8度的斜形飞行甲板、单层装甲机库，以及法国自行设计的镜面辅助降落装置，两具升降机，两具弹射器，一具在飞行甲板前端，一具在斜形甲板上。该级舰曾是世界上唯一能起降固定翼飞机的中型航空母舰，主要搭载10架F-8"十字军"战斗机、16架"超军旗"攻击机、3架"军旗"Ⅳ攻击机、7架"贸易风"反潜机和4架"云雀"Ⅲ直升机。

基本参数
标准排水量：22000吨
满载排水量：32780吨
全长：265米
全宽：51.2米
吃水深度：8.6米
最高速度：32节

【战地花絮】

20世纪80年代末，法国在建造新一代航空母舰"戴高乐"号时，为了筹措不断超支的建造费用，不得不考虑提前将"福煦"号航空母舰出售。而巴西也在积极寻求购买中型航空母舰，以适应未来一段时间的需要。2000年，两国达成交易。

「同级舰」

舷号	舰名	服役时间	退役时间
R98	"克莱蒙梭"	1961年11月2日	1997年10月1日
R99	"福煦"	1963年7月15日	2000年11月15日

"克莱蒙梭"级航空母舰前方视角

"克莱蒙梭"级航空母舰侧前方视角

"克莱蒙梭"级航空母舰后方视角

法国"夏尔·戴高乐"号航空母舰

"夏尔·戴高乐"号航空母舰（Charles De Gaulle aircraft carrier）是法国史上拥有的第十艘航空母舰，也是法国目前仅有的一艘航空母舰，通常简称"戴高乐"号。

与美国的核动力航空母舰一样，"戴高乐"号航空母舰也采用斜向飞行甲板，而不采用欧洲航空母舰常见的"滑跃"甲板设计。该舰还是世界上第一艘在设计时加入了隐身性能考虑的航空母舰。由于吨位仅有美国同类舰只的一半，所以"戴高乐"号航空母舰配备了两座弹射器，而美军的核动力航空母舰通常为4座。另外，舰载机容量（40架）也只有美国同类舰只的一半。"戴高乐"号航空母舰配有非常先进的电子设备，加上法国最新的"紫苑"15（Aster 15）防空导弹与"萨德哈尔"（SADRAL）轻型短程防空导弹系统，使得整体攻击能力远远超过法国曾有的几艘航空母舰，同时也是现阶段欧洲战力最强的航空母舰。

基本参数
标准排水量：37085吨
满载排水量：42500吨
全长：261.5米
全宽：64.4米
吃水深度：9.4米
最高速度：27节

【战地花絮】
2001年，"9·11"事件爆发后，为了协助美军进行"永久自由行动"扫荡阿富汗塔利班政权，"戴高乐"号航空母舰与随行的护卫舰队首度穿过苏伊士运河进入印度洋，在巴基斯坦至少进行了140次以上的侦察与轰炸任务，这是该舰服役以来第一次参与作战。

"戴高乐"号航空母舰起航

"夏尔·戴高乐"号航空母舰结构图

"戴高乐"号航空母舰（上）与美国"林肯"号航空母舰（下）并排行驶

苏联/俄罗斯"卡拉"级巡洋舰

"卡拉"级巡洋舰（Kara class cruiser）是苏联第一级燃汽轮机巡洋舰，一共建造了7艘，首舰于1969年开工，1973年服役。

"卡拉"级巡洋舰是在"克列斯塔"Ⅱ级巡洋舰的基础上改进而来的，所以外形与后者非常相似。该级舰的首要任务是反潜，因此舰上的反潜武器比较齐全。远程反潜任务由一架卡-25直升机负责，中近程反潜任务则依靠2座四联装SS-N-14远程反潜导弹发射装置。此外，该级舰还装有2座五联装533毫米鱼雷发射管、2座12管RBU-6000反潜深弹发射装置和2座6管RBU-1000反潜深弹发射装置起辅助反潜作用。

基本参数	
标准排水量：	8200吨
满载排水量：	9700吨
全长：	173.2米
全宽：	18.6米
吃水深度：	6.8米
最高速度：	32节

【战地花絮】

2014年3月6日，俄罗斯海军为阻止驻扎在克里米亚的乌克兰海军出港，炸沉了已经退役的"奥恰科夫"号巡洋舰，以此阻塞港口。

「同级舰」

舰名	服役时间	退役时间
"尼古拉耶夫"	1971年12月31日	1994年
"奥恰科夫"	1973年11月4日	2011年
"刻赤"	1974年12月26日	2020年
"亚速夫"	1975年12月25日	1998年
"彼得罗巴甫洛夫斯克"	1976年12月29日	1996年
"塔什干"	1977年12月21日	1994年
"塔林"	1979年12月31日	1994年

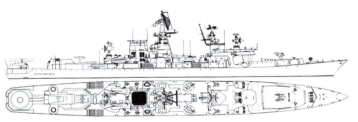

"卡拉"级巡洋舰结构图

"卡拉"级巡洋舰侧后方视角

"卡拉"级巡洋舰侧前方视角

苏联/俄罗斯"基洛夫"级巡洋舰

"基洛夫"级巡洋舰(Kirov class cruiser)是苏联于20世纪70年代开始建造的大型核动力巡洋舰,一共建成了4艘。苏联解体后,所有同级舰均被重新命名,截至2021年3月仍有1艘在俄罗斯海军服役,1艘正在进行现代化改造。

"基洛夫"级巡洋舰采用的是苏联核动力指挥舰SSV-22的船体,并在舰上安装了大量的武器装备和电子设备,前桅杆上有巨大的雷达组件。上甲板上有20枚SS-N-19"花岗岩"反舰导弹,舰体后部有一门130毫米AK-130DP多用途双管舰炮。该级舰的防空火力主要由SA-N-6防空导弹、SA-N-9防空导弹、SA-N-4防空导弹和"卡什坦"近防系统组成。"基洛夫"级的外围反潜任务主要依靠3架舰载直升机,使用型号为卡-27或卡-25。

同级舰

舰名	开工时间	服役时间
"基洛夫"	1974年3月	1980年12月
"伏龙芝"	1978年7月	1984年10月
"加里宁"	1983年5月	1988年12月
"尤里·安德罗波夫"	1986年3月	1998年4月

战地花絮

1997年,"加里宁"号巡洋舰在航行中发生严重的核反应堆和主机机械故障,被拖船拖回港口,由于俄罗斯财政和技术原因,一直无力修复,直到1999年除役封存,2005年重新启用。目前,俄罗斯海军正在对其进行现代化改造,但进度缓慢,截至2021年仍未完工。

"基洛夫"级巡洋舰结构图

基本参数

- 标准排水量:24300吨
- 满载排水量:26396吨
- 全长:251.2米
- 全宽:28.5米
- 吃水深度:9.4米
- 最高速度:31节

"基洛夫"级巡洋舰侧面视角

"基洛夫"级巡洋舰侧前方视角

"基洛夫"级巡洋舰高速航行

苏联/俄罗斯"光荣"级巡洋舰

"光荣"级巡洋舰（Slava class cruiser）是苏联于20世纪70年代建造的常规动力巡洋舰，共建成3艘，另有1艘属于乌克兰，因预算原因至今未能完工。目前，建成的3艘"光荣"级分别隶属于俄罗斯黑海舰队、北方舰队和太平洋舰队。

"光荣"级巡洋舰采用了"三岛式"设计，上层建筑分首、中、尾三部分，这种设计利于武器装备和舱室的均衡分布，可提高舰艇的稳定性。"光荣"级巡洋舰被称为缩小型的"基洛夫"级巡洋舰，舰载武器在一定程度上相似。该级舰装备威力强大的SS-N-12反舰导弹作为主要攻击武器，全舰装有16枚。除此之外，"光荣"级巡洋舰还装有2门130毫米AK-130舰炮、10座双联装533毫米鱼雷发射管、6座30毫米AK-630M近防机炮、2座六联装RBU-6000反潜火箭发射器等武器。该级舰还设有一个撑起的直升机平台，其宽度仅为舰宽的一半，可搭载1架卡-25直升机或卡-27直升机。

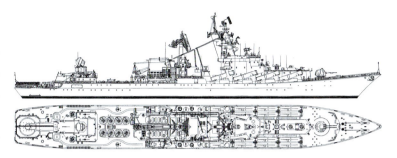
"光荣"级巡洋舰结构图

"光荣"级巡洋舰侧面视角

基本参数
标准排水量：10000吨
满载排水量：11490吨
全长：186.4米
全宽：20.8米
吃水深度：8.4米
最高速度：32节

"光荣"级巡洋舰高速航行

「同级舰」

舰名	开工时间	服役时间
"光荣"	1976年	1982年
"罗伯夫"	1978年	1986年
"红色乌克兰"	1979年	1989年
"共青团员"	1983年	尚未服役

"光荣"级巡洋舰侧前方视角

苏联/俄罗斯"莫斯科"级航空母舰

"莫斯科"级航空母舰（Moskva class helicopter carrier）是苏联第一代航空母舰，由黑海尼古拉耶夫造船厂建造，一共建有2艘，苏联自称为"反潜巡洋舰"。在战略上，该级舰主要为苏联海军提供防御及抵抗西方战略导弹潜艇的攻击的能力。

"莫斯科"级航空母舰采用混合式舰型，舰前半部为典型的巡洋舰布置，舰后半部则为宽敞的直升机飞行甲板。该级舰的前甲板布满了各式武器系统，其中大部分为反潜武器。舰艏有2具RBU-6000反潜火箭发射器，其后为1具SUW-N-1反潜导弹发射器，再后为2具SA-N-3防空导弹发射器，舰桥两侧另有两座57毫米两用炮。严格来说，由于不能搭载固定翼飞机，"莫斯科"级航空母舰并不能算是真正意义上的航空母舰。舰载机全部为直升机（最多30架，一般18架），因此最多可算作直升机航空母舰。

基本参数

标准排水量：	14950吨
满载排水量：	17500吨
全长：	189米
全宽：	34米
吃水深度：	7.7米
最高速度：	31节

【战地花絮】

该级舰原本计划建造3艘，由于一、二号舰服役后报告该级舰在风浪较大的海面上行进时操控性不佳，因此即将开工的三号舰被取消建造。

同级舰

舰名	服役时间	退役时间
"莫斯科"	1967年12月25日	1997年
"列宁格勒"	1969年6月2日	1995年

二号舰"列宁格勒"号航空母舰侧面视角

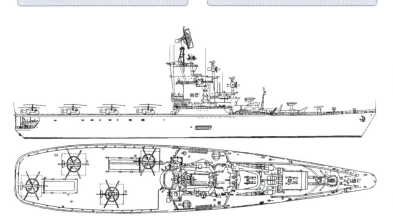
"莫斯科"级航空母舰结构图

"莫斯科"级航空母舰正在航行

苏联/俄罗斯"基辅"级航空母舰

"基辅"级航空母舰（Kiev class aircraft carrier）是苏联第一种可以起降固定翼飞机的航空母舰，苏联也称其为"战术航空巡洋舰"或"航空巡洋舰"。该级舰一共建造4艘，目前有3艘退役，剩余1艘已售予印度并改装。

与英国和美国的航空母舰不同，"基辅"级航空母舰集火力与重型武装于一身，对舰载机依赖性较小。前甲板有重型舰载导弹装备，可对舰、对潜、对空进行攻击，与标准巡洋舰武装相似。而左侧甲板则搭载固定翼战斗机（雅克-38）和反潜直升机（卡-25和卡-27），但由于左侧甲板过短，雅克-38战斗机实际上只能垂直起降，且对甲板破坏极大，加上事故频发，这种舰载机最终下舰，使得"基辅"级航空母舰实际上又沦为普通直升机航空母舰。

基本参数
- 标准排水量：30500吨
- 满载排水量：43500吨
- 全长：273米
- 全宽：53米
- 吃水深度：10米
- 最高速度：32节

【战地花絮】

1995年年底，二号舰"明斯克"号航空母舰被韩国大宇集团当废铁买下，后来被卖到中国改建成深圳军事主题公园（即明斯克航空母舰世界），成为目前世界上唯一的由4万吨级航空母舰改造而成的大型军事主题公园。

「同级舰」

舰名	服役时间	退役时间
"基辅"	1975年1月	1993年6月
"明斯克"	1978年9月	1993年1月
"诺沃罗西斯克"	1982年9月	1993年1月
"戈尔什科夫"	1987年1月	在役（印度海军）

"基辅"级航空母舰结构图

"基辅"级航空母舰后方视角

"基辅"级航空母舰前方视角

俄罗斯"库兹涅佐夫"号航空母舰

"库兹涅佐夫"号航空母舰（Kuznetsov aircraft carrier）是俄罗斯现役最新型的航空母舰，也是俄罗斯目前唯一的航空母舰，预计将服役到2030年。

"库兹涅佐夫"号航空母舰的飞行甲板采用斜直两段式，斜角甲板长205米，宽23米，与舰体轴线成7度夹角，其后部安装了4道拦阻索，以及紧急拦阻网。飞行甲板右舷处则安装了两座甲板升降机，分别位于岛式舰桥的前后方。出于成本考虑，飞行甲板起飞段采用了上翘12度的"滑跃"甲板而非平面弹射器。与西方航空母舰相比，"库兹涅佐夫"号的定位有所不同，俄罗斯称之为"重型航空巡洋舰"，它可以防卫和支援战略导弹潜舰及水面舰，并且搭载一些舰载机，进行独立巡弋。

"库兹涅佐夫"号航空母舰的自卫武器为8座AK-630防空炮、8座CADS-N-1"卡什坦"近防炮、18座3K95防空导弹发射装置、2座RBU-12000反潜深弹发射装置和12座P-700"花岗岩"反舰导弹发射装置。该级舰通常搭载28架米格-29K战斗机、14架苏-33战斗机和4架苏-25攻击机，以及17架卡-27直升机。

基本参数

标准排水量：43000吨
满载排水量：67500吨
全长：306.3米
全宽：73米
吃水深度：11米
最高速度：32节

【战地花絮】

2005年，一架苏-33舰载机发生事故，从"库兹涅佐夫"号航空母舰上坠入1100米深的海底。最后，俄罗斯军方为了保护舰载机的机密而采用深水炸弹将其炸毁。

"库兹涅佐夫"号航空母舰正面视角

"库兹涅佐夫"号航空母舰结构图

航行中的"库兹涅佐夫"号航空母舰

德国"俾斯麦"级战列舰

"俾斯麦"级战列舰（Bismarck class battleship）是德国在二战时期建造的战列舰，也是德国当时排水量最大的军舰。该级舰一共建造了两艘，均在二战中沉没。

受基尔运河（19世纪末德国在北海与波罗的海之间开凿的人工运河）水深限制，"俾斯麦"级战列舰的舰体被适度加宽以减少吃水，长宽比为6.67∶1。该级舰的上层建筑显得紧凑和美观，动力传动系统基本沿用了一战德国战舰设计的"三轴两舵"标准布局。"俾斯麦"级战列舰的装甲总重量达到同期战列舰中的最大比重，占标准排水量的41.85%，因此造成了大量排水量浪费。该级舰装有4座双联装380毫米L52 SK-C/34炮、6座双联装150毫米L55 SK-C/28炮、8座双联装105毫米L65 SK-C/33/37炮、8座双联装37毫米L83 SK-C/30炮、12座单管20毫米L65 MG C/30炮以及2座四联装20毫米L65 MG C/38炮。此外，还可搭载4架阿拉度Ar196水上侦察机。

基本参数
标准排水量：41700吨
满载排水量：50300吨
全长：251米
全宽：36米
吃水深度：9.3米
最高速度：30节

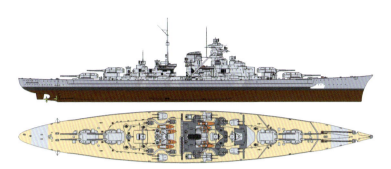

"俾斯麦"级战列舰结构图

"提尔皮茨"号战列舰

「同级舰」

舰名	服役时间	沉没时间
"俾斯麦"	1940年8月24日	1941年5月27日
"提尔皮茨"	1941年2月25日	1944年11月12日

【战地花絮】

首舰"俾斯麦"号是当时德国海军的象征，武器精良、防护完善，但它在执行第一次战斗任务后就被击沉了。1941年5月27日，"俾斯麦"号被英军舰队包围，在两个多小时的战斗之后沉没于距法国布雷斯特以西400海里的水域。

"俾斯麦"号战列舰侧面视角

意大利"加里波第"号航空母舰

"加里波第"号（Garibaldi）航空母舰是意大利海军第一艘轻型航空母舰，可承担反潜、海上巡逻、海面搜索、营救等多种任务。截至 2021 年 3 月，"加里波第"号仍在服役。

"加里波第"号航空母舰是继英国"无敌"级航空母舰后出现的颇具代表性的轻型航空母舰，其排水量只有"无敌"级的三分之二。该舰的外形与"无敌"级大致相同，也是直通式飞行甲板，长 173.8 米、宽 30.4 米，甲板前部有 6.5 度的上翘。机库设在飞行甲板下面，总面积为 1650 平方米，平时 14 架飞机置于机库，4 架停放在甲板上。在右舷上层建筑前后各有 1 部升降机，载重 15 吨。"加里波第"号的武器配置齐全，反舰、防空及反潜三者兼备，既可作为航空母舰编队的指挥舰，又可单独行动。该舰的标准载机方式是 8 架 AV-8B"鹞"Ⅱ战斗机和 8 架 SH-3D"海王"直升机，在特殊情况下，也可只载 16 架 AV-8B 或 18 架 SH-3D。

基本参数
- 标准排水量：10100 吨
- 满载排水量：13370 吨
- 全长：180.2 米
- 全宽：33.4 米
- 吃水深度：7.5 米
- 最高速度：30 节

【战地花絮】

2004 年，在摩洛哥外海举行的"庄严之鹰 2004"（Majestic Eagle 2004）多国演习中，"加里波第"号航空母舰曾与美国海军"杜鲁门"号航空母舰并排航行。

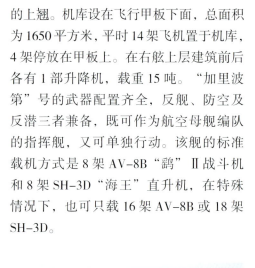

"加里波第"号航空母舰前方视角

俯瞰"加里波第"号航空母舰

"加里波第"号航空母舰（下）与美国"小鹰"号航空母舰（上）并排航行

意大利"加富尔"号航空母舰

"加富尔"号(Cavour)航空母舰是意大利第二代可用于实战的主力战舰,由意大利芬坎蒂尼造船公司建造,用于取代"加里波第"号轻型航空母舰。该舰于2001年7月开工建造,2008年3月开始服役。

"加富尔"号航空母舰使用全通飞行甲板,采用了英国"无敌"号航空母舰的"滑跃"甲板设计。其飞行甲板长220米、宽34米,起飞行道长度180米、宽14米,斜坡甲板倾斜度为12度。除了执行航空母舰的所有功能外,"加富尔"号还能运输轮式车辆和履带式车辆,其机库面积约2500平方米,可以部分或全部用于车辆的运载。此外,它还能载运4艘大型人员登陆艇(LCVP),在舰艉和舷侧有2个60吨滚装的跳板,可进行快速装卸。该舰的自卫武器为4座"紫苑"导弹发射系统、3座双联装40L70近防系统、2门76毫米超高速舰炮和3门25毫米防空炮。舰载机方面,通常搭载8架AV-8B"鹞"式攻击机、8架F-35"闪电"Ⅱ战斗/攻击机和12架EH-101"灰背隼"直升机。

基本参数	
标准排水量:	27100吨
满载排水量:	30000吨
全长:	244米
全宽:	34米
吃水深度:	8.7米
最高速度:	28节

【战地花絮】

2004年7月,"加富尔"号航空母舰在热那亚下水。意大利总统钱皮在新舰的下水仪式上称赞道:"这是一艘性能出众的军舰,无论谁见到它都必然会肃然起敬。我们认为,该舰完全能够在欧盟所实施的各项军事行动中起到战略性的作用。"

"加富尔"号航空母舰侧后方视角

"加富尔"号航空母舰参加军事演习

"加富尔"号航空母舰行驶在大西洋上

西班牙"阿斯图里亚斯亲王"号航空母舰

"阿斯图里亚斯亲王"号航空母舰（Principe de Asturias aircraft carrier）是西班牙海军有史以来第三艘航空母舰，也是西班牙历史上第一艘自行建造的航空母舰，其舰名来自西班牙储君的封号。该舰已于2013年2月6日退役，其职责由"胡安·卡洛斯一世"号两栖攻击舰接替。

由于飞行甲板只有175.3米长，因此"阿斯图里亚斯亲王"号航空母舰也采用了"滑跃"甲板设计，在舰艏跑道末端加装了一段12度仰角飞行甲板，长约46.5米。该舰有几个独特之处。一是飞行甲板在主甲板之上，从而形成敞开式机库，这在二战后的航空母舰中是绝无仅有的。其他航空母舰都是飞行甲板与主甲板在同一水平面上，机库封闭。二是动力系统只采用2台燃汽轮机，并且是单轴单桨，这在现代航空母舰中同样是独一无二的。三是机库面积达2300平方米，比其他同型航空母舰多出70%，接近法国中型航空母舰的水平。

"阿斯图里亚斯亲王"号航空母舰的自卫武器为4座FABA梅罗卡2B近防系统、4座Mk 36型6管干扰火箭发射装置和1部SLQ-25拖放鱼雷诱饵。舰载机方面，该舰通常搭载12架AV-8B垂直起降战斗机、6架SH-3H"海王"反潜直升机、4架SH-3 AEW"海王"预警直升机和2架AB-212通用直升机。

基本参数

标准排水量	15912吨
满载排水量	16900吨
全长	195.5米
全宽	24.3米
吃水深度	9.4米
最高速度	27节

【战地花絮】

1990年，"阿斯图里亚斯亲王"号航空母舰进行了部分改装，对岛式上层建筑做了改进，使主要舱室布置更加合理，为停机坪上的直升机设置了保护装置。此外，还改进了居住条件，可增加6名军官和50名技术人员的住宿空间。

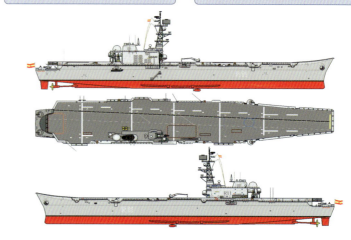

"阿斯图里亚斯亲王"号航空母舰结构图

"阿斯图里亚斯亲王"号航空母舰后方视角

航行中的"阿斯图里亚斯亲王"号航空母舰

日本"大和"级战列舰

"大和"级战列舰（Yamato class battleship）是日本在二战时期建造的战列舰，也是人类历史上所建造过排水量最大的战列舰。该级舰计划建造5艘，实际建成3艘，其中"信浓"号在建造过程中被改造为航空母舰。

"大和"级战列舰的舰体长宽比为6.76：1，为主炮射击提供了稳定的平台。该级舰重视防护能力，侧舷装甲带最厚为410毫米，炮塔正面装甲厚650毫米，炮座装甲厚560毫米，弹药舱顶板装甲厚270毫米，上层甲板装甲厚55毫米，主甲板装甲厚200毫米。武装方面，"大和"级战列舰装有3座三联装460毫米主炮，是当时口径最大的战列舰主炮。4座三联装155毫米副炮，既可以对舰也可以对空，射速为7发/分。高炮为6座双联装127毫米高射炮，射速为14发/分。此外，还装备了8座三联装25毫米高射炮以及4挺九三式防空机枪。

基本参数	
标准排水量：	69300吨
满载排水量：	73000吨
全长：	263米
全宽：	38.9米
吃水深度：	10.4米
最高速度：	27节

【战地花絮】

1941年12月，首舰"大和"号被编入日本海军联合舰队。1942年，"大和"号接替"长门"号战列舰作为联合舰队旗舰，同年6月参加了中途岛海战。1944年10月莱特湾海战中，"大和"号被美军投掷多枚炸弹击中受伤。1945年4月7日，"大和"号在日本九州鹿儿岛西南海域被美军舰载机击沉。

"大和"号和"武藏"号在西太平洋作战

「同级舰」

舰名	服役时间	沉没时间
"大和"	1941年12月16日	1945年4月7日
"武藏"	1942年8月5日	1944年10月24日
"信浓"	1944年10月15日	1944年11月29日

"大和"级战列舰结构图

"大和"级战列舰侧面视角

日本"日向"级直升机护卫舰

"日向"级直升机护卫舰（Hyūga class helicopter destroyer）是日本于21世纪初建造的直升机护卫舰，拥有与他国海军直升机航空母舰乃至轻型航空母舰接近的舰体构造、功能与吨位。

在后续的"出云"级直升机护卫舰问世前，"日向"级直升机护卫舰是日本在二战结束后建造的排水量最大的军舰，其排水量甚至超过了目前世界上多艘轻型航空母舰。"日向"级直升机护卫舰采用全通式甲板设计，可以起降直升机或垂直起降飞机，具有了一定轻型航空母舰特征。不过，"日向"级直升机护卫舰暂时没有安装"滑跃"甲板或弹射装置，以起降普通固定翼飞机。该级舰的主要任务定位在直升机反潜战，但装备了指挥管制系统，在必要时作为舰队旗舰指挥之用。"日向"级直升机护卫舰最高搭载11架直升机，舰上装有16管Mk 41垂直发射系统（可装16枚ESSM防空导弹）和2座"密集阵"近防系统。

「同级舰」

舷号	舰名	开工时间	服役时间
DDH-181	"日向"	2006年5月11日	2009年3月18日
DDH-182	"伊势"	2008年5月30日	2011年3月16日

"日向"级直升机护卫舰结构图

"日向"级直升机护卫舰侧前方视角

基本参数
- 标准排水量：13950吨
- 满载排水量：19000吨
- 全长：197米
- 全宽：33.8米
- 吃水深度：7米
- 最高速度：30节

"日向"号直升机护卫舰（右）与美国"华盛顿"号航空母舰（左）编队航行

"日向"级直升机护卫舰参加军演

日本"出云"级直升机护卫舰

"出云"级直升机护卫舰（Izumo class helicopter destroyer）是日本新一代直升机护卫舰，从吨位、布局到功能都已完全符合现代轻型航空母舰的特征。该级舰一共建造了2艘，首舰于2015年开始服役。

虽然"出云"级仍保持"直升机护卫舰"的定位，但其尺寸和排水量已超过了日本二战时期的部分正规航空母舰，也超过了目前意大利、泰国等国家装备的轻型航空母舰水平。

"出云"级直升机护卫舰可搭载至少20架直升机，主要是SH-60K"海鹰"反潜直升机，作为远洋反潜作战编队的旗舰，加入现役的"十·九"舰队后，可将反潜战斗力提升1倍，覆盖的海域也随之增加数倍。

基本参数
标准排水量：19500吨
满载排水量：27000吨
全长：248米
全宽：38米
吃水深度：7米
最高速度：30节

"出云"级直升机护卫舰侧面视角

「同级舰」

舷号	舰名	开工时间	服役时间
DDH-183	"出云"	2012年1月27日	2015年3月25日
DDH-184	尚未定名	2013年10月7日	2017年3月22日

"出云"级直升机护卫舰结构图

"出云"级直升机护卫舰正面视角

印度"维拉特"号航空母舰

"维拉特"号航空母舰（INS Viraat aircraft carrier）是印度海军曾装备的航空母舰，该舰原是英国"人马座"级常规动力航空母舰的四号舰"竞技神"号（HMS Hermes），1985年转售给印度，印度海军将其改装并改名为"维拉特"号。2017年3月，"维拉特"号退役。

"维拉特"号航空母舰经过了多次改装，现在以反潜、制空和指挥功能为主。该舰前部设有宽49米的直通型飞行甲板，有12度的滑橇角，上升的斜坡长度为46米，以使垂直/短距飞机能在较短的距离内滑跃升空。"维拉特"号航空母舰的飞行甲板上共设有7个直升机停放区，可供多架直升机同时起降。机库内可搭载12架"海鹞"式垂直/短距起降飞机和7架MK2型反潜直升机。实际作战时，可将"海鹞"搭载量增至30架，但不能全部进入机库。该舰的自卫武器为8座双联装"迅雷"防空导弹发射系统、1座CADS-N-1"卡什坦"近防系统、2门40毫米博福斯高射炮、2门AK-230 30毫米机炮和8具鱼雷发射器。

基本参数
标准排水量： 23900吨
满载排水量： 28700吨
全长： 226.9米
全宽： 48.78米
吃水深度： 8.8米
最高速度： 28节

【战地花絮】

1993年9月，"维拉特"号航空母舰的轮机舱进水，导致其长期不能执行任务，一直到1995年才重返现役，印度海军借此机会为其更换了新式搜索雷达。

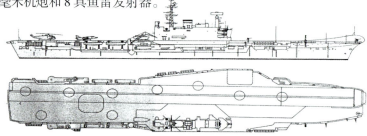

"维拉特"号航空母舰结构图

航行中的"维拉特"号航空母舰

"维拉特"号航空母舰及其舰载机编队

印度"维兰玛迪雅"号航空母舰

"维兰玛迪雅"号航空母舰（INS Vikramaditya aircraft carrier）原本是苏联/俄罗斯海军"基辅"级航空母舰的四号舰"戈尔什科夫"号，2004年卖给印度并展开改造工程。2013年11月，"维兰玛迪雅"号正式交付印度海军。

与美国航空母舰竭力腾出空间停放飞机的设计理念不同，"基辅"级航空母舰的甲板面积中仅60%用以飞机起飞和停放，其飞行甲板长195米，宽20.7米。为适应垂直起降舰载机的起飞要求，飞机起飞点均使用了特制的甲板热防护层。建造"戈尔什科夫"号航空母舰时，为了提高飞机起降的安全性，采用了可减少涡流形成的飞行甲板边缘结构形式。升降机有一部位于舰桥左侧，另一部则位于舰桥后方。该舰售予印度后，改造重点是将舰艏的武器全部拆除，把它变成"滑跃"甲板，以便米格-29K舰载机起飞。斜向甲板加上了三条拦阻索，以便米格-29K顺利降落。此外，飞行甲板面积有所增大，已损坏的锅炉换为柴油发动机。

基本参数
- 标准排水量：30500吨
- 满载排水量：45000吨
- 全长：283.1米
- 全宽：53米
- 吃水深度：29米
- 最高速度：32节

【战地花絮】

维兰玛迪雅原是指古印度笈多王朝第三位君主——超日王（意为超级太阳王），故它也可以被翻译为"超日王"号航空母舰。

"维兰玛迪雅"号航空母舰结构图

俯瞰"维兰玛迪雅"号航空母舰

正在改装的"维兰玛迪雅"号航空母舰

"维兰玛迪雅"号航空母舰正在进行测试

印度"维克兰特"号航空母舰

"维克兰特"号航空母舰（INS Vikrant aircraft carrier）是印度自行研制的第一艘航空母舰，原计划2014年装备完毕并交付使用，但由于多方面的原因建造工作一再延误，至少要到2022年才能服役。

"维克兰特"号航空母舰共有5层甲板，最上层为飞行甲板，其次是机库甲板，下面还有两层甲板和底层的支撑甲板。飞行甲板上设有2条约200米长的跑道，一条为专供飞机起落的"滑跃"式跑道，另一条为装备有3个飞机制动索的着陆跑道。该航空母舰最多可搭载30架舰载机，其中17架可存放在机库内。根据各国军工企业发布的公开信息，"维克兰特"号的燃汽轮机、螺旋桨、升降机、相控阵雷达、指挥控制系统、卫星通信、惯性导航、电子对抗等关键部分都需要从国外进口。

基本参数
标准排水量：36000吨
满载排水量：40000吨
全长：260米
全宽：60米
吃水深度：10米
最高速度：28节

"维克兰特"号航空母舰想象图

仰视"维克兰特"号航空母舰

建造中的"维克兰特"号航空母舰

泰国"查克里·纳吕贝特"号航空母舰

"查克里·纳吕贝特"号航空母舰（HTMS Chakri Naruebet aircraft carrier）是泰国海军目前唯一的航空母舰，通常简称"纳吕贝特"号。该舰由西班牙巴赞造船厂建造，与西班牙"阿斯图里亚斯亲王"号航空母舰为同级舰。

"纳吕贝特"号航空母舰借鉴了"阿斯图里亚斯亲王"号航空母舰的设计，但在多项战术技术性能上有了显著提高。该舰的满载排水量比"阿斯图里亚斯亲王"号航空母舰缩小了近三分之一，而载机量仅减少四分之一，单位排水量的载机率有所提高。外形上，"纳吕贝特"号航空母舰更为美观，柱状桅紧靠烟囱，岛式上层建筑有所延长，全舰的现代色彩更强烈。该舰的飞行甲板也采用了"滑跃"甲板，甲板艏部斜坡上翘12度。"纳吕贝特"号航空母舰的自卫武器为1座八联装Mk 41 "海麻雀"导弹垂直发射系统、4座20毫米"密集阵"近防系统和2门单管30毫米速射炮。舰载机方面，通常搭载9架AV-8S "斗牛士"战斗机和6架S-70B "海鹰"直升机。

"查克里·纳吕贝特"号航空母舰侧前方视角

基本参数

标准排水量：10000吨	满载排水量：11486吨
全长：182.65米	全宽：30.5米
吃水深度：6.12米	最高速度：25.5节

【战地花絮】

1996年1月20日，泰国皇后亲自到西班牙并和西班牙皇后一起主持"纳吕贝特"号航空母舰的下水礼。查克里·纳吕贝特是泰国皇朝开国君主的名字。

"查克里·纳吕贝特"号航空母舰（上）与美军"小鹰"号航空母舰（下）并排航行

"查克里·纳吕贝特"号航空母舰后方视角

第3章 远洋突击——中型水面军舰

中型水面军舰主要包括驱逐舰和护卫舰,均是海军中历史悠久的舰种。在现代海军中,驱逐舰和护卫舰的区别已经越来越小,均能承担防空、反潜、护航、巡逻、警戒、侦察及登陆支援作战等任务。除了驱逐舰和护卫舰,美国正在建造的濒海战斗舰也属于中型水面军舰。本章主要介绍世界各国自二战以来建造的重要中型水面军舰。

美国"福雷斯特·谢尔曼"级驱逐舰

"福雷斯特·谢尔曼"级驱逐舰（Forrest Sherman class destroyer）是美国在二战后设计的第一种驱逐舰，主要为执行反潜任务而设计，在外形布局上仍与二战末期的"基林"级驱逐舰相似。

"福雷斯特·谢尔曼"级驱逐舰一共建造了18艘，其中后7艘（DD945～DD951）原本定为"赫尔"级，但它们在服役后被统归为"福雷斯特·谢尔曼"级。这7艘不同于前几艘之处是其上层建筑全部采用铝合金材料，以减轻重量和增加稳定性。随着形势的需要，该级舰中的4艘于20世纪60年代后期被改装成导弹驱逐舰，称"德凯特"级。另有6艘在70年代初被改装成反潜驱逐舰。

"福雷斯特·谢尔曼"级驱逐舰的主要武器为3座Mk 42单管127毫米舰炮，防空武器为2座Mk 34双联装76毫米防空炮和4挺机枪，反潜武器为2座Mk 15刺猬弹发射器，反舰武器为4具Mk 25固定式鱼雷发射管。改装为反潜驱逐舰的6艘拆除了二号主炮，改为1座八联装Mk 16"阿斯洛克"反潜导弹发射架。拆除原Mk 15刺猬弹发射器，改为2座三联装Mk 32 324毫米反潜鱼雷发射器。另外，还拆除了76毫米防空炮。该舰改装后可供直升机起降，但没有机库。

基本参数	
标准排水量：2800吨	满载排水量：4050吨
全长：127米	全宽：14米
吃水深度：6.7米	最高速度：32.5节

"福雷斯特·谢尔曼"级驱逐舰侧面视角

"福雷斯特·谢尔曼"级驱逐舰在黎巴嫩沿海

等待解体的"福雷斯特·谢尔曼"级驱逐舰

美国"查尔斯·F.亚当斯"级驱逐舰

"查尔斯·F.亚当斯"级驱逐舰（Charles F. Adams class destroyer）是20世纪60～80年代美国海军的主力防空舰种，一共建造了23艘（DDG-2～DDG-24），首舰"查尔斯·F·亚当斯"号于1957年3月28日开工建造，1960年9月10日正式服役。最后一艘"沃德尔"号于1960年11月30日开工建造，1964年8月28日正式服役。

"查尔斯·F.亚当斯"级驱逐舰的舰体与动力系统是以前代"福雷斯特·谢尔曼"级驱逐舰为基础而设计。在服役过程中，该级舰历经多次现代化改良工程。"查尔斯·F.亚当斯"级驱逐舰的舰载武器包括：2门127毫米高平两用炮；1座Mk 10双臂旋转导弹发射器，发射"鞑靼人"或"标准"防空导弹，载弹40枚，可再装填；1座八联装Mk 112导弹发射器，发射"阿斯洛克"反潜导弹，载弹40枚，可再装填；6座三联装324毫米鱼雷发射管，发射Mk 32反潜鱼雷。

基本参数

标准排水量：3277吨	满载排水量：4526吨
全长：133.2米	全宽：14.3米
吃水深度：7.3米	最高速度：33节

【战地花絮】

1962年，澳大利亚向美国采购3艘"查尔斯·F.亚当斯"级导弹驱逐舰。依照美国海军惯例，在美国生产且外销他国的军舰，即使买主在该批舰艇上使用自订的编号，照样排入美国海军本身同类舰艇的序号。因此澳大利亚采购的3艘被美国海军编号为DDG-25～DDG-27，而3艘售予联邦德国的则占用了DDG-28～DDG-30，所以这6个编号在美国导弹驱逐舰中就成为空号。

"查尔斯·F.亚当斯"级驱逐舰侧前方视角

高速航行中的"查尔斯·F.亚当斯"级驱逐舰

"查尔斯·F.亚当斯"级驱逐舰在远海航行

美国"斯普鲁恩斯"级驱逐舰

"斯普鲁恩斯"级驱逐舰（Spruance class destroyer）是美国海军于20世纪70年代建造的大型导弹驱逐舰，其主要任务是为航空母舰特混舰队和海上运输船队护航，在两栖作战和登陆作战中实施火力支援，对敌水面舰艇和潜艇进行监视警戒跟踪等。该级舰于1972年开始建造，一共建造了31艘，至1983年3月全部进入现役。

"斯普鲁恩斯"级驱逐舰的主要舰载武器包括：2座Mk 45-0型127毫米舰炮；2座六管Mk 15型20毫米"密集阵"近程武器系统；1座四联装RAM舰空导弹发射装置；2座三联装Mk 32鱼雷发射管，发射Mk 46-5型或Mk 50型鱼雷；2座"鱼叉"反舰导弹发射装置，备弹8枚。该级舰还可发射"战斧"巡航导弹、"海麻雀"导弹和"阿斯洛克"反潜导弹等，发射装置有多种形式，包括Mk 41垂直发射系统、四联装Mk 44装甲箱式发射装置、八联装Mk 16发射装置和八联装Mk 29"海麻雀"导弹发射装置等。此外，还装备了4挺12.7毫米机枪。

基本参数	
标准排水量：	5770吨
满载排水量：	8040吨
全长：	171.6米
全宽：	16.8米
吃水深度：	5.8米
最高速度：	33节

【战地花絮】

该级舰以雷蒙德·阿姆斯·斯普鲁恩斯（Raymond Ames Spruance，1886年7月3日～1969年12月23日）的名字命名，他是二战时期的美国海军上将、第五舰队司令，中途岛、马里亚纳历次海战的胜利者，被称为"沉默的提督"。

"斯普鲁恩斯"级驱逐舰后方视角

"斯普鲁恩斯"级驱逐舰（左）和"提康德罗加"级巡洋舰（右）

"斯普鲁恩斯"级驱逐舰侧前方视角

美国"基德"级驱逐舰

"基德"级驱逐舰（Kidd class destroyer）原本是伊朗于20世纪70年代向美国订购的导弹驱逐舰，根据伊朗方面的需求，由"斯普鲁恩斯"级驱逐舰的舰体演进而来。该级舰一共建造了4艘，首舰于1978年6月开工。1979年，4艘"基德"级驱逐舰全部完工之际，伊朗因政局变化拒绝接收。在伊朗取消合约后，美国海军在1981～1982年间装备了"基德"级驱逐舰。

"基德"级驱逐舰具有较强的防空、反舰、反潜及战场管理能力，可担任由不同作战舰艇组合的作战支队旗舰，也可执行外线机动作战任务。"基德"级驱逐舰的舰载武器包括：2座Mk 45单管127毫米舰炮；2座Mk 15"密集阵"近防系统；2座四管AGM-84"鱼叉"反舰导弹发射器；2座双联装Mk 26双臂导弹发射器，可发射"标准"Ⅱ、"小猎犬"防空导弹和"阿斯洛克"反潜导弹；2座三联装鱼雷发射管，可发射Mk 32鱼雷。此外，还可搭载2架"海鹰"直升机。

基本参数
- 标准排水量：7289吨
- 满载排水量：9783吨
- 全长：171.6米
- 全宽：16.8米
- 吃水深度：9.6米
- 最高速度：33节

【战地花絮】
"基德"级驱逐舰的另一个昵称为"阵亡将军"级（Dead Admirals class），因为这一系列用以命名的美国海军少将都在二战中战死于太平洋战场。其中，首舰以珍珠港事件中阵亡于"亚利桑那"号战列舰上的艾萨克·基德少将命名。

同级舰

舷号	舰名	服役时间	退役时间
DDG-993	"基德"	1981年3月24日	1998年3月12日
DDG-994	"卡拉汉"	1981年8月29日	1998年3月31日
DDG-995	"斯科特"	1981年10月24日	1998年12月11日
DDG-996	"钱德勒"	1982年3月13日	1999年9月23日

"基德"级驱逐舰与小艇并排航行

"基德"级驱逐舰侧前方视角

"卡拉汉"号驱逐舰

美国"阿利·伯克"级驱逐舰

"阿利·伯克"级驱逐舰(Arleigh Burke class destroyer)是世界上第一种装备"宙斯盾"系统并全面采用隐形设计的驱逐舰,武器装备、电子装备高度智能化,具有对陆、对海、对空和反潜的全面作战能力。该级舰计划建造89艘,截至2021年3月共有68艘在役。

"阿利·伯克"级驱逐舰一改驱逐舰传统的瘦长舰体,采用了一种少见的宽短线型。这种线型具有极佳的适航性、抗风浪稳性和机动性,能在恶劣海况下保持高速航行,横摇和纵摇极小。该级舰最大的特点就是"宙斯盾"系统,其核心为SPY-1D相控阵雷达,不仅速度快、精度高,而且仅一部雷达就可完成探测、跟踪、制导等多种功能,可以同时搜索和跟踪上百个空中及水面目标。

"阿利·伯克"级驱逐舰的主要武器包括:两座Mk 41导弹垂直发射系统,视作战任务决定"战斧"导弹、"标准"Ⅱ导弹、"海麻雀"导弹和"阿斯洛克"导弹的装弹量;1门127毫米全自动炮;2座四联装"捕鲸叉"反舰导弹发射装置;2座六管"密集阵"近防系统;2座Mk 32-3型324毫米鱼雷发射装置,发射Mk 46或Mk 50反潜鱼雷。此外,该级舰的后期型号还可搭载两架SH-60B/F直升机。

基本参数

标准排水量:6900吨	满载排水量:9217吨
全长:156.5米	全宽:20.4米
吃水深度:6.1米	最高速度:30节

【战地花絮】

该级舰以阿利·伯克(1901年10月19日~1996年1月1日)的名字命名,他在二战时担任美国23驱逐舰队司令,昵称"31节伯克"。战后他历任三届海军部长,建成了全核动力舰队,以海军上将军衔退役。

"阿利·伯克"级驱逐舰高速行驶

"阿利·伯克"级驱逐舰前方视角

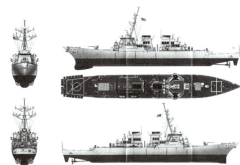
"阿利·伯克"级驱逐舰结构图

"阿利·伯克"级驱逐舰右舷视角

美国"朱姆沃尔特"级驱逐舰

"朱姆沃尔特"级驱逐舰（Zumwalt class destroyer）是美国正在建造的最新一级驱逐舰，以美国海军上将朱姆沃尔特的名字命名，代号为DDX或DDG-1000。这是一种多功能革命性的驱逐舰，由美国海军、诺斯洛普·格鲁曼公司、雷神公司、通用动力公司、英国航空电子系统公司、洛克希德·马丁公司等百余家研究机构和公司联合研发。截至2021年3月，DDX已有2艘开始服役，还有1艘仍在建造。

DDX的舰载武器主要包括2门先进火炮系统（Advanced Gun System，AGS）、20具Mk 57垂直发射系统和2座Mk 46 Mod 2型30毫米舰炮武器系统。AGS是一款155毫米火炮，射速为10发/分。Mk 57垂直发射系统设置于船体周边，一共可装80枚导弹，包括"海麻雀"导弹、"战斧"巡航导弹、"标准"Ⅱ导弹和反潜火箭等。DDX拥有两个直升机库，可配备两架改良型的SH-60R反潜直升机，或者由一架MH-60R特战直升机搭配3架RQ-8A型垂直起降战术空中载具（UTUAV）的组合。

基本参数	
标准排水量：10000吨	满载排水量：14564吨
全长：183米	全宽：24.1米
吃水深度：8.4米	最高速度：30.3节

"朱姆沃尔特"级驱逐舰侧前方视角

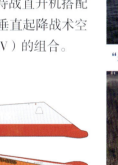
"朱姆沃尔特"级驱逐舰结构图

【战地花絮】
为了测试DDX驱逐舰的电力与推进系统，美国海军研究办公室（ONR）主导制造了一艘长40.6米的试验艇——先进电力推进船只展示平台（Advanced Electric Ship Demonstrator，AESD），整个艇体构型宛若DDX的缩小版。

"朱姆沃尔特"级驱逐舰在内河测试

美国"佩里"级护卫舰

"佩里"级护卫舰（Perry class frigate）是美国于20世纪70年代研制的导弹护卫舰，在1975～2004年间一共建造了71艘，首舰于1977年开始服役。2015年美国海军装备的"佩里"级护卫舰全部退役。不过该级舰仍在其他国家服役

"佩里"级护卫舰的上层建筑比较庞大，四周只设少量水密门，形成一个封闭的整体，以便为舰员和设备提供更多的空间，有利于改善居住条件和增强适航性。

该级舰的武器包括：1座单臂Mk 13导弹发射装置，发射"标准"导弹用于防空，或"鱼叉"导弹用于反舰；1座单管Mk 75-0型76毫米舰炮，用于中近程防空、反舰；2座六管20毫米"密集阵"近防系统，用于近程防空；2座六管Mk 36型SRBOC干扰火箭；2座三联装Mk 32鱼雷发射管，发射Mk 46-5或Mk 50鱼雷用于反潜；1套SQ-25"水精"鱼雷诱饵，用于反潜。

基本参数
- 标准排水量：3225吨
- 满载排水量：4100吨
- 全长：135.6米
- 全宽：13.7米
- 吃水深度：6.7米
- 最高速度：29节

【战地花絮】

20世纪70年代，由于美国海军装备的各类战斗舰艇老化严重，急需一大批新舰来替换。因此，美国海军开始进行新舰制造计划，并实行"高低档舰艇结合"的造舰政策。在大量建造高档舰艇的同时，也建造了一些注重性价比的中小型军舰，"佩里"级护卫舰就是其中之一。

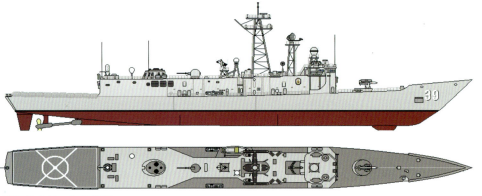

"佩里"级护卫舰结构图

"佩里"级护卫舰侧面视角

"佩里"级护卫舰侧前方视角

"佩里"级护卫舰高速航行

美国"自由"级濒海战斗舰

"自由"级濒海战斗舰（Freedom class littoral combat ship）由美国洛克希德·马丁公司设计，2005年开始建造，计划建造16艘，截至2021年3月已有10艘开始服役。

作为濒海区域（靠近海岸）作战的相对小型水面船只，濒海战斗舰比导弹驱逐舰更小，与国际上所指的护卫舰相仿。然而，濒海战斗舰还具有小型攻击运输舰的能力，具有可操作两架SH-60"海鹰"直升机的飞行甲板和机库，还有从船尾回收和释放小艇的能力，以及足够大的货运量来运输一支小型攻击部队或装甲车等。

"自由"级濒海战斗舰采用一种被称为"先进半滑航船体"（Advanced Semi-Planing Seaframe）的非传统单船体设计，其船体在高速航行时会向上浮起，吃水减少，阻力因此大幅降低。该级舰可搭载220吨的武装及任务系统，舰艏装有1门57毫米博福斯舰炮，直升机库上方设有一具RIM-116防空导弹发射器；上层建筑前、后方的两侧各有1挺12.7毫米机枪，共计4挺，并配备NULKA诱饵发射器。直升机库结构上方预留两个武器模组安装空间，可依照任务需求设置垂直发射器来装填短程防空导弹，或者安装30毫米Mk 46机炮塔模组。

基本参数

标准排水量：2176吨	满载排水量：3000吨
全长：115米	全宽：17.5米
吃水深度：3.9米	最高速度：47节

「同级舰」（部分）

舷号	舰名	开工时间	服役时间
LCS-1	"自由"	2005年6月	2008年11月
LCS-3	"沃思堡"	2009年7月	2012年9月
LCS-5	"密尔沃基"	2011年10月	2015年11月
LCS-7	"底特律"	2012年8月	2016年10月
LCS-9	"小岩城"	2013年6月	2017年12月
LCS-11	"苏城"	2014年2月	2018年11月

"自由"级濒海战斗舰高速航行

"自由"级濒海战斗舰正面视角

"自由"级濒海战斗舰侧前方视角

港口中的"自由"级濒海战斗舰

美国"独立"级濒海战斗舰

"独立"级濒海战斗舰（Independence class littoral combat ship）由美国通用动力公司主持研制，计划建造19艘，截至2021年3月已有11艘开始服役。

"独立"级濒海战斗舰的舰载传感器、作战系统和C4ISR系统等设计突破传统观念，能根据任务需要灵活组装、搭配不同的武器模块系统。它能对面临的各种威胁做出反应：能攻击和躲避水面舰艇特别是高速密集小艇；能切断潜艇接近的途径；避开水雷从容地进行反水雷作战。此外，"独立"级濒海战斗舰还具有良好的雷达探测规避能力和通信指挥能力，能秘密行驶至敌方海岸线附近协助特种部队执行秘密任务。因此，"独立"级濒海战斗舰不但可用于传统的作战模式，还具备对付敌方"非对称作战"的能力，是未来的"全能战舰"。

「同级舰」（部分）

舷号	舰名	开工时间	服役时间
LCS-2	"独立"	2006年1月	2010年1月
LCS-4	"科罗纳多"	2009年12月	2014年4月
LCS-6	"杰克逊"	2011年8月	2015年12月
LCS-8	"蒙哥马利"	2013年6月	2016年9月
LCS-10	"嘉贝丽·吉佛斯"	2014年4月	2017年6月

基本参数
标准排水量：2307吨
满载排水量：3104吨
全长：127.4米
全宽：31.6米
吃水深度：4.3米
最高速度：44节

"独立"级濒海战斗舰高速航行

英国"部族"级驱逐舰

"部族"级驱逐舰（Tribal class destroyer）是二战中英国皇家海军最著名的一级驱逐舰，英国的16艘同级舰在1938年5月至1939年3月间建成。1942～1945年间，澳大利亚也建造了3艘"部族"级驱逐舰。此外，加拿大也订购了8艘"部族"级改进型，其中4艘于1942～1943年间在英国建成，另外4艘于1945～1948年间在加拿大本土建成。

"部族"级驱逐舰的4座双联装舰炮分别安装在A、B、X、Y炮位，火炮为QF Mk XII型102毫米炮。防空武器是1门四联装40毫米高射炮，安置在X炮位甲板的前端，射速为400发/分，备弹14400发。另外2座四联装12.7毫米高射机枪装设在船体中部，位于2个烟囱之间，备弹10000发。1座四联装533毫米鱼雷发射管则装在后烟囱后面。舰艉有一条较短的深弹投放轨，能够容纳3枚深水炸弹。在X炮位甲板有两座深弹抛射器，分别布置在后桅两侧，全舰共计能够装载30枚深水炸弹。

基本参数
标准排水量：1850吨
满载排水量：2520吨
全长：115米
全宽：11.1米
吃水深度：2.7米
最高速度：36节

【战地花絮】

英国皇家海军的"部族"级驱逐舰自1938年开始服役，长期在一线战场作战，16艘同级舰到战争结束时只剩下4艘。

"独立"级濒海战斗舰侧后方视角

英国海军"鞑靼"号前方视角

现存的加拿大海军"海达"号

英国海军"哥萨克"号侧面视角

英国"战斗"级驱逐舰

"战斗"级驱逐舰（Battle class destroyer）是英国在二战时期建造的驱逐舰，开辟了防空型驱逐舰发展的先河，在现代海军装备发展史上有着独特的地位和意义。该级舰一共建造了 26 艘，在英国皇家海军中一直服役至 20 世纪 70 年代。

"战斗"级驱逐舰外形美观大方，是英国皇家海军第一批装备了稳定鳍的舰艇，航行时十分稳定，并具有良好的操纵性能。该级舰的武器装备以防空火炮为主，主要包括：4 门 MK Ⅲ 型 114 毫米速射炮，备弹 300 发；1 门 MK ⅪⅩ 型 100 毫米高平两用火炮，备弹 160 发；8 门博福斯 40 毫米火炮，备弹 1440 发；6 门 20 毫米厄利孔火炮，备弹 2440 发；1 座维克斯 303 型火炮，备弹 5000 发。除火炮之外，"战斗"级驱逐舰还装备 2 座四联装手工操纵鱼雷发射管，发射 8 枚 MK Ⅸ 鱼雷；4 个深水炸弹投掷器和 2 条滑轨，携带 60 枚深水炸弹。

基本参数	
标准排水量：2480 吨	满载排水量：3430 吨
全长：119 米	全宽：12.3 米
吃水深度：4.7 米	最高速度：30.5 节

【战地花絮】

"战斗"级驱逐舰设计之初是为对付德国的轰炸机，不过等到这些舰艇在 1944 年后逐步进入现役时，盟军在欧洲已进入反攻阶段，"战斗"级驱逐舰已派不上用场。因此英国决定把它们调往太平洋，参加对日本的战斗，但最终也没能参加实战。

"战斗"级驱逐舰高速航行

"战斗"级驱逐舰侧前方视角

澳大利亚海军装备的"战斗"级驱逐舰

英国"郡"级驱逐舰

"郡"级驱逐舰（County class destroyer）是英国在二战结束后设计的第一种驱逐舰，同时也是英国皇家海军第一种配备导弹、第一种拥有区域防空能力、第一种可以起降直升机以及第一种配备燃汽涡轮推进系统的舰艇。该级舰一共建造了8艘，后4艘改进了设计。

与"部族"级驱逐舰相同，"郡"级驱逐舰也采用复合蒸汽涡轮与燃汽涡轮推进系统（COSAG），燃汽涡轮主机也与"部族"级相同，但功率要大得多。第一批4艘"郡"级驱逐舰装有2门维克斯 Mk 6 双联装 114 毫米舰炮，舰体后段直升机库两侧各装有1具四联装"海猫"短程防空导弹发射器。"海参"导弹发射系统设置在舰艉，容量为24枚。第二批4艘"郡"级驱逐舰加装了2门厄利孔20毫米防空机炮、2座三联装324毫米鱼雷发射器、4座法制"飞鱼"反舰导弹发射器。

基本参数

标准排水量：5440吨	满载排水量：6850吨
全长：158.5米	全宽：16米
吃水深度：6.4米	最高速度：30节

「同级舰」

舷号	舰名
D02	"德文"
D06	"汉普"
D12	"肯特"
D16	"伦敦"
D18	"安特里姆"
D19	"格拉摩根"
D20	"法夫"
D21	"诺福克"

【战地花絮】

20世纪70年代后期，虽然"郡"级的舰龄还没有满20年，但该舰问世于二战时代到导弹化、电子化之间的过渡期，舰上主要关键系统都迅速落伍。英国政府大举缩减国防开支，皇家海军被迫缩减规模之际，"郡"级驱逐舰就成为优先开刀的对象。

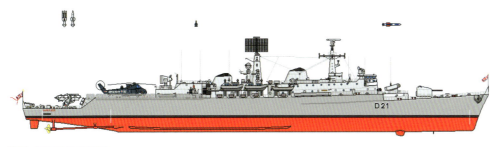

"郡"级驱逐舰结构图

"格拉摩根"号与小艇并列航行

"郡"级驱逐舰侧面视角

英国"谢菲尔德"级驱逐舰

"谢菲尔德"级驱逐舰（Sheffield class destroyer）是英国于20世纪70年代建造的导弹驱逐舰，也称为42型驱逐舰（Type 42 destroyer）。该级舰一共建造了16艘，在1975～2013年间服役。该级舰在设计上存在诸多问题，目前已被"勇敢"级驱逐舰替换。

为了降低成本，英国军方限制了"谢菲尔德"级驱逐舰的排水量。为了增加武器和电子设备，又简化了全舰的壳体结构，采用了薄壳型舰体，因此结构薄弱，容易被击穿和受热起火。"谢菲尔德"级驱逐舰采用全燃交替动力装置（COGOG），第一、二批驱逐舰采用2台奥林普斯TM3B燃汽轮机（每台持续功率18.38兆瓦）和2台泰因RM1A巡航燃汽轮机（每台持续功率3.64兆瓦）。第三批驱逐舰采用2台奥林普斯TM3B燃汽轮机和2台泰因RM1C巡航燃汽轮机（每台持续功率3.92兆瓦）。

"谢菲尔德"级驱逐舰的武器装备包括2座四联装"鱼叉"反舰导弹，2座三联装STWS-1 324毫米AS鱼雷发射架；1座双联装GWS30"海标枪"防空导弹发射装置，2座20毫米GAM-B01炮，2座20毫米MK7A炮等。该级舰的舰艉还设有飞行甲板，可携带一架韦斯特兰公司的"大山猫"直升机。

基本参数

标准排水量：	3600吨
满载排水量：	5350吨
全长：	141.1米
全宽：	14.9米
吃水深度：	5.8米
最高速度：	30节

同级舰

舰号	舰名
D80	"谢菲尔德"
D86	"伯明翰"
D87	"纽卡斯尔"
D88	"格拉斯哥"
D89	"伊克特"
D90	"南安普敦"
D91	"诺丁汉"
D92	"利物浦"
D95	"曼彻斯特"
D96	"格格斯特"
D97	"爱丁堡"
D98	"约克"
D108	"加地夫"
D11	"考文垂"

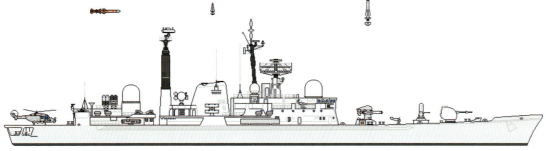
"谢菲尔德"级驱逐舰结构图

航行中的"谢菲尔德"级驱逐舰

"谢菲尔德"级驱逐舰正面视角

英国"勇敢"级驱逐舰

"勇敢"级驱逐舰（Daring class destroyer）是英国于21世纪初开始建造的新一代导弹驱逐舰，又称为45型驱逐舰。该级舰一共建造了6艘，截至2021年3月仍全部在役。

"勇敢"级驱逐舰在具备较强防空能力的同时兼具了反舰、反潜和对陆攻击能力，是英国皇家海军中作战能力较为全面的军舰。反舰方面，该级舰装有2座四联装"鱼叉"反舰导弹发射器。反潜方面主要依靠"山猫"直升机（1架）、"阿斯洛克"反潜导弹和324毫米鱼雷。对陆攻击方面，可凭借美制Mk 41垂直发射系统发射"战斧"导弹。此外，该级舰装备的114毫米舰炮也可提供一定的对陆攻击能力和反舰能力。防空作战方面，主要依靠"紫菀"防空导弹。此外，该级舰还安装有2座奥勒冈30毫米KCB速射炮和2座20毫米近防系统。

同级舰

舷号	舰名	开工时间	服役时间
D32	"勇敢"	2003年3月	2009年7月
D33	"不屈"	2004年8月	2010年6月
D34	"钻石"	2005年2月	2011年5月
D35	"飞龙"	2005年12月	2011年8月
D36	"卫士"	2006年7月	2013年3月
D37	"邓肯"	2007年1月	2013年9月

基本参数
- **标准排水量**：7350吨
- **满载排水量**：8500吨
- **全长**：152.4米
- **全宽**：21.2米
- **吃水深度**：5米
- **最高速度**：27节

"勇敢"级驱逐舰侧面视角

"勇敢"级驱逐舰与美国"企业"号航空母舰

"勇敢"级驱逐舰高速航行

英国"利安德"级护卫舰

"利安德"级护卫舰（Leander class frigate）是英国于20世纪50年代末开始建造的反潜护卫舰，也称为12Ⅰ型护卫舰。该级舰一共为英国皇家海军建造了26艘，还为荷兰海军建造了4艘。英国皇家海军装备的"利安德"级护卫舰退役后，部分舰只又被卖到新西兰、印度、智利、巴基斯坦和厄瓜多尔等国家。

首舰"利安德"号护卫舰服役时是世界上吨位最大的护卫舰。设计装备了双联装45倍114毫米主炮、"海猫"舰空导弹、"伊卡拉"反潜导弹，直升机甲板长度占了全舰四分之一，使该级舰有了初级的综合作战能力。此后各个批次都有改进，包括拆除炮塔、增加防空导弹、反舰导弹和电子设备等。

基本参数
标准排水量：2790吨
满载排水量：3300吨
全长：113.4米
全宽：13.1米
吃水深度：4.5米
最高速度：27节

【战地花絮】

20世纪60年代，随着导弹科技的进步和二战后殖民地体系瓦解，英国经济萎靡，政府为了减少财政赤字不断裁军导致海军规模萎缩，原本作为辅助力量的"利安德"级护卫舰竟然在英国皇家海军中占据了重要地位，成为英国60～80年代的主力战舰。

"利安德"级护卫舰高速航行

"利安德"级护卫舰侧面视角

港口中的"利安德"级护卫舰

英国"大刀"级护卫舰

"大刀"级护卫舰（Broadsword class frigate）是英国于20世纪70年代研制的大型多用途护卫舰，也称为22型护卫舰。该级舰一共建造了14艘，首舰于1979年开始服役。2011年6月30日，英国皇家海军编制内的最后一艘"大刀"级护卫舰退役。部分从英国退役的"大刀"级护卫舰被售予巴西、智利和罗马尼亚等国家，至今仍在服役。

"大刀"级护卫舰的尺寸与排水量对当时的护卫舰而言堪称相当庞大，与"谢菲尔德"级驱逐舰不相上下。虽然较大的舰体能够提高适航性、耐海性与持续战力，但也导致"大刀"级护卫舰的造价不断攀升。最后一批"大刀"级护卫舰装有2座"海狼"防空导弹发射器，2座四联装"鱼叉"反舰导弹发射器，1座"守门员"近程防御武器系统，并在舰桥上方两侧各加装一座GSA-8"海弓箭"光电射控仪，用于指挥20毫米机炮。此外，该级舰具备操作"海王"反潜直升机的条件。

基本参数

标准排水量：4400吨
满载排水量：4800吨
全长：148.1米
全宽：14.8米
吃水深度：6.4米
最高速度：30节

【战地花絮】

在英阿马岛战争中，有两艘"大刀"级护卫舰（"大刀"号、"光辉"号）曾发射"海狼"防空导弹接战敌机，而这也是"海狼"导弹在马岛战争中全部的实战经验。

"大刀"级护卫舰高速航行

"大刀"级护卫舰侧前方视角

"大刀"级护卫舰前方视角

英国"公爵"级护卫舰

"公爵"级护卫舰（Duke class frigate）是英国于20世纪80年代研制的护卫舰，也称为23型护卫舰。该级舰一共建造了16艘，截至2021年3月仍有13艘在英国海军服役，其他3艘在退役后被智利海军购买。

"公爵"级护卫舰最初设计用于替代"利安德"级护卫舰，承担深海反潜任务。随着冷战的结束，并吸取马岛战争的教训，英国海军要求"公爵"级护卫舰更多地承担支援联合远征作战、投送海上力量等任务，最终形成了一型反潜能力突出，并兼具防空、反舰和火力支援能力的护卫舰。"公爵"级护卫舰的主要武器包括：2座四联装"鱼叉"舰对舰导弹发射装置，32单元"海狼"舰对空导弹垂直发射装置，1门维克斯114毫米Mk 8舰炮，2座30毫米舰炮，2座双联装324毫米固定式鱼雷发射管。该级舰的动力装置包括2台劳斯莱斯"斯贝"SM1A（或SM1C）燃汽轮机，4台帕克斯曼公司柴油机，2台通用电气公司的电机。

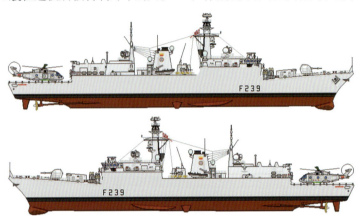

"公爵"级护卫舰结构图

基本参数	
标准排水量：3500吨	
满载排水量：4900吨	
全长：133米	
全宽：16.1米	
吃水深度：7.3米	
最高速度：28节	

"公爵"级护卫舰发射导弹

【战地花絮】

由于财政困难，英国国防部在2004年7月宣布裁减现役舰队规模，其中将"公爵"级护卫舰的数量减至13艘，因此"诺福克"号、"格拉夫顿"号和"马尔堡"号于2005年4月～2006年3月先后除役。2005年9月7日，英国与智利的国防部签订合约，以超低总价将这三艘护卫舰售予智利。

"公爵"级护卫舰高速航行

"公爵"级护卫舰正面视角

法国"乔治·莱格"级护卫舰

"乔治·莱格"级护卫舰（Georges Leygues class frigate）是法国海军于20世纪70年代建造的反潜护卫舰，又称为F70型。该级舰一共建造了7艘，截至2021年3月仍有1艘在役。该级舰在国际上被归类为驱逐舰，舷号也是驱逐舰所用的"D"，但法国海军将其归类为护卫舰。

"乔治·莱格"级护卫舰仅具备点防空能力，由1座八联装"响尾蛇"舰空导弹发射装置承担。后3艘舰对该系统进行了改进，使其具有反导能力，并加装了1座双联"西北风"近程防空导弹系统，主要用于对付低空飞机。反舰武器为4座单装MM 38"飞鱼"反舰导弹发射装置，后5艘改为2座四联装MM 40型。另有1座100毫米全自动炮和2座厄利孔单管20毫米手动操作炮，既可对舰也可对空。舰载直升机也可携带2枚AS-12"海鸥"轻型反舰导弹。远程反潜任务主要由2架舰载"山猫"直升机承担，近程反潜由2座单管发射的15-4型鱼雷完成。

基本参数
标准排水量：3550吨
满载排水量：4350吨
全长：139米
全宽：14米
吃水深度：5.5米
最高速度：30节

同级舰

舷号	舰名
D640	"乔治·莱格"
D641	"迪普莱"
D642	"蒙特卡姆"
D643	"让·德·维埃纳"
D644	"普里茅盖特"
D645	"拉摩特·皮凯"
D646	"拉图什·特雷维尔"

"乔治·莱格"级护卫舰侧面视角

近看二号舰"迪普莱"号护卫舰舰艏

"拉图什·特雷维尔"号（D646）护卫舰离开英国朴次茅斯港

法国"卡萨尔"级护卫舰

"卡萨尔"级护卫舰(Cassard class frigate)是法国在"乔治·莱格"级反潜护卫舰基础上改进而来的防空型护卫舰,主要为航母战斗群或护航编队提供区域和局部区域的防空任务,也可承担对海、反潜和对空作战任务。该级舰原计划建造4艘,之后出于经费问题和技术上的考虑,法国海军于1987年取消了三号舰和四号舰的建造。与此同时,两艘已经服役的"卡萨尔"级护卫舰也进行了现代化改装,主要体现在对空导弹系统和直升机系统。

"卡萨尔"级护卫舰装有1门单管68型100毫米舰炮,2门厄利孔Mk 10型20毫米舰炮,2挺12.7毫米机枪,1座Mk 13 Mod 5型单臂发射架(备"标准"舰空导弹40枚),2座六联装发射装置(备"西北风"点防御导弹12枚),2座四管发射装置(备8枚"飞鱼"反舰导弹),2座KD59E固定型鱼雷发射装置(备10枚反潜鱼雷),2座"达盖"干扰火箭和2座十管"萨盖"远程干扰火箭。此外,该级舰还可搭载1架"黑豹"直升机。

基本参数

标准排水量: 4500吨
满载排水量: 4700吨
全长: 139米
全宽: 14米
吃水深度: 6.5米
最高速度: 29.5节

【战地花絮】

"卡萨尔"级护卫舰的生活舱室布置较好:士兵6人一室,休息区和铺位之间用帷幕隔开。军士住舱按资历分为2~12人舱室。此外,医疗、餐厅、厨房、仓库等服务生活舱室面积都较大。

同级舰

舰号	舰名	开工时间	服役时间
D614	"卡萨尔"	1982年9月	1988年7月
D615	"让·巴特"	1986年3月	1991年9月

"卡萨尔"级护卫舰侧前方视角

首舰"卡萨尔"号后方视角

"卡萨尔"号停泊在土伦港内

法国/意大利"地平线"级护卫舰

"地平线"级护卫舰（Horizon class frigate）是英国、法国以及意大利于21世纪初联合研制的新型防空护卫舰，在英国退出之后，法国和意大利继续执行该计划。该级舰计划建造8艘，最终建成4艘，法国海军和意大利海军各有2艘。

"地平线"级护卫舰有着浓郁的法国特色，舰上采用的海军战术情报处理系统、近程防御系统等都是法国自主研制的。该级舰汇集多种功能于一身，除为航母提供有效的防空火力支援外，还具有较强的反潜、反舰及对岸作战能力。"地平线"级护卫舰采用两台LM 2500燃汽轮机和两台柴油机作为动力装置，"柴燃联合"推进不但大大增强了其续航能力而且最高航速也可以达到29节。此外，由于自动化程度很高，这种满载排水量达7050吨的军舰仅需不到200名官兵即可操作。

"地平线"级护卫舰的防空武器为"紫菀"导弹，可携带16枚"紫菀"15型导弹和32枚"紫菀"30型导弹。在反舰方面，法国版选用MM40"飞鱼"导弹，意大利版选用奥托马特Mk 3导弹。在反潜方面，"地平线"级拥有2座三联装鱼雷发射系统，能够发射MU-90 324毫米轻型鱼雷。法国版装有2门奥托·梅腊拉76毫米速射炮（射速120发/分，配备隐身炮塔）和2门吉亚特20毫米口径舰炮，意大利版则采用3门奥托·梅腊拉76毫米速射炮和2门25毫米自动炮。此外，意大利版可载1～2架NH-90或EH-101直升机，而法国版装备NH-90直升机。

基本参数	
标准排水量：6000吨	满载排水量：7050吨
全长：151.6米	全宽：20.3米
吃水深度：4.8米	最高速度：29节

"地平线"级护卫舰侧面视角

意大利版二号舰"卡欧·杜利奥"号（D554）

法国版二号舰"舍瓦利亚·保罗"号（D621）

法国"花月"级护卫舰

"花月"级护卫舰（Floréal class frigate）是法国于20世纪90年代初建造的护卫舰，一共建造了6艘，首舰于1992年开始服役。除装备法国海军外，还有2艘"花月"级护卫舰被摩洛哥海军采用。

"花月"级护卫舰的主要武器包括1座100毫米全自动舰炮，2座"吉亚特"20F2型舰炮，以及2枚"飞鱼"MM38型反舰导弹。此外，该级舰还可搭载1架AS 332F"超美洲豹"直升机或AS 565"黑豹"直升机。"花月"级护卫舰的电子设备包括1部DRBV21A型对空/对海搜索雷达，2部DRBN34A型导航雷达，2座达盖Mk 2型十管干扰火箭发射系统，1部托马斯ARBR17型雷达预警系统等。

基本参数

标准排水量：2600吨	满载排水量：2950吨
全长：93.5米	全宽：14米
吃水深度：4.3米	最高速度：20节

「同级舰」（法国）

舷号	舰名	舷号	舰名
F730	"花月"	F733	"风月"
F731	"牧月"	F734	"葡月"
F732	"雪月"	F735	"芽月"

【战地花絮】

冷战结束后，法国认为大规模的军事对抗风险已经消失。法国海军有了新的任务，即保护其12万平方千米的专属经济区，而现役的护卫舰也已老化。于是，法国便以"警戒护卫舰"为概念，研制出了"花月"级护卫舰。

摩洛哥海军的"花月"级护卫舰

"雪月"号正在执行任务

港口中的"葡月"号护卫舰

法国"拉斐特"级护卫舰

"拉斐特"级护卫舰（La Fayette class frigate）是法国于20世纪80年代末研制的导弹护卫舰，一共建造了20艘，首舰于1996年3月开始服役。

"拉斐特"级护卫舰的最大特点是采用了低可侦测性技术，所以该级舰也被称为隐形巡防舰。"拉斐特"级护卫舰的舰体采用了与传统设计相较更加简约的上层建筑和成角度的舰体侧面设计，再加上使用了雷达信号吸收材料，使得雷达反射截面积大幅减小。这种由木材与玻璃纤维混合制成的特殊材料拥有与钢铁相同的硬度，但更加轻便，并且耐火。

"拉斐特"级护卫舰的主要武器包括：1座八联装"响尾蛇"CN2防空导弹系统，用于中远程防空；2座四联装"飞鱼"MM40反舰导弹发射架，装载8枚"飞鱼"导弹，用于反舰；1门100毫米自动炮，弹库可以容纳600发炮弹，用于防空、反舰；2门人工操作20毫米炮，主要在执行海上保安任务时使用。此外，该级舰还可搭载1架"黑豹"直升机。

基本参数
- 标准排水量：3200吨
- 满载排水量：3600吨
- 全长：125米
- 全宽：15.4米
- 吃水深度：4.1米
- 最高速度：25节

【战地花絮】

20世纪80年代，联合国《海洋法公约》正式生效后，世界各濒海国家都加强了对自身海洋权益的保护，法国海军也提出采购一批新型导弹护卫舰，用于保护海外地区领海和专属经济区的计划，"拉斐特"级护卫舰便由此而来。

"拉斐特"级护卫舰侧面视角

"拉斐特"级护卫舰高速航行

"拉斐特"级护卫舰侧前方视角

意大利"西北风"级护卫舰

"西北风"级护卫舰（Maestrale class frigate）是意大利海军于20世纪80年代建造的多用途护卫舰，一共建造了8艘。首舰于1978年3月开工，1981年2月下水，1982年3月开始服役。截至2021年3月，仍有4艘"西北风"级护卫舰在役。

"西北风"级护卫舰装有4座"奥托马特"舰对舰导弹发射装置、1座"信天翁"舰对空导弹发射装置、1座127毫米全自动舰炮、2座双联装40毫米舰炮、2座105毫米二十联装火箭发射装置、2座三联装鱼雷发射装置。此外，该级舰还可搭载2架反潜直升机。该级舰的探测设备主要有1部SMA702对海警戒雷达、1部SPS774对空搜索雷达、1部SMA703导航雷达、2部炮瞄雷达、1部DE1164声呐、1部NA30A火控雷达、1部电子战系统和1部指挥系统。

同级舰

舷号	舰名	舷号	舰名
F570	"西北风"	F574	"贸易风"
F571	"东北风"	F575	"欧洲风"
F572	"西南风"	F576	"西风"
F573	"非洲热风"	F577	"和风"

基本参数
- 标准排水量：2700吨
- 满载排水量：3100吨
- 全长：122.7米
- 全宽：12.9米
- 吃水深度：4.2米
- 最高速度：33节

"西北风"级护卫舰侧前方视角

苏联/俄罗斯"卡辛"级驱逐舰

"卡辛"级驱逐舰（Kashin class destroyer）是苏联海军第一种专门设计的装备防空导弹的驱逐舰，也是世界上第一种使用全燃汽轮机动力的驱逐舰。该级舰一共建造了25艘，其中俄罗斯海军20艘（有1艘转售波兰海军），印度海军5艘。2020年，俄罗斯海军装备的"卡辛"级全部退役。

"卡辛"级驱逐舰的舰载武器包括：2座双联装76.2毫米炮，射速90发/分，射程15千米；4座六管30毫米炮，射程2千米，射速3000发/分；4座SS-N-2C"冥河"舰对舰导弹发射装置，射程83千米；2座双联装SA-N-1"果阿"舰对空导弹发射装置，射程31.5千米，共载有32枚导弹；1座五联装533毫米两用鱼雷发射管；2座RBU-6000型12管回转式反潜深弹发射装置，射程6000米，共载有120枚火箭。

基本参数	
标准排水量	3400吨
满载排水量	4390吨
全长	144米
全宽	15.8米
吃水深度	4.6米
最高速度	33节

【战地花絮】

印度海军于20世纪80年代从苏联引进了5艘"卡辛"级驱逐舰，以"卡辛"级Ⅱ型为母型加以改进并重新命名为"拉吉普特"级驱逐舰，主要用于保护印度的航母舰队免受敌方潜艇、战机和巡航导弹的攻击。在80年代和90年代的大部分时间里，"拉吉普特"级一直是印度海军唯一型号的驱逐舰，迄今仍然是印度海军的主力驱逐舰之一。截至2021年3月，仍有4艘在役。

"西北风"级护卫舰高速航行

"卡辛"级驱逐舰结构图

"卡辛"级驱逐舰侧后方视角

"卡辛"级驱逐舰正面视角

苏联/俄罗斯"现代"级驱逐舰

"现代"级驱逐舰（Sovremenny class destroyer）是苏联于20世纪80年代初建造的大型导弹驱逐舰，主要担任反舰任务。该级舰一共建造了21艘，其中苏联海军装备了17艘。截至2021年3月，仍有5艘"现代"级驱逐舰在俄罗斯海军服役。

"现代"级驱逐舰是一种侧重于反舰和防空的驱逐舰，在概念上是搭配同时期建造的"无畏"级反潜驱逐舰使用。

该级舰舍弃了主流的燃汽轮机而采用老式的蒸汽锅炉驱动蒸汽轮机为动力，是一种逆时代的产品。"现代"级驱逐舰的电子设备较多，包括MR-750MA"顶板"三坐标对空搜索雷达、"音乐台"火控雷达、MR-90"前罩"火控雷达、MR-184"鸢鸣"火控雷达、"椴木棰"火控雷达、MG-335声呐等，并有多种电子对抗设备，可对敌人实施有效的电子干扰。

"现代"级驱逐舰的武器装备包括1架卡-27反潜直升机、2座130毫米舰炮、2座四联装KT-190反舰导弹发射装置、4座AK-630M 30毫米近防炮系统、2座3K90M-22防空导弹发射装置、2具双联装533毫米鱼雷发射装置、2座RBU-12000反潜火箭发射装置、8座十联装PK-10诱饵发射器和2座双联装PK-2诱饵发射器。

基本参数
标准排水量： 6200吨
满载排水量： 8480吨
全长： 156.4米
全宽： 17.2米
吃水深度： 7.8米
最高速度： 32.7节

"现代"级驱逐舰高速航行

"现代"级驱逐舰侧前方视角

"现代"级驱逐舰右侧视角

苏联/俄罗斯"无畏"级驱逐舰

"无畏"级驱逐舰(Udaloy class destroyer)是苏联于20世纪70年代后期开始建造的驱逐舰,一共建造了12艘。首舰"无畏"号于1980年11月入役,最后一艘"潘杰列耶夫海军上将"号于1991年12月服役。截至2021年3月,仍有7艘"无畏"级驱逐舰在俄罗斯海军服役。

"无畏"级驱逐舰全舰结构趋于紧凑,布局简明,主要的防空、反潜装备集中于舰体前部,中部为电子设备,后部为直升机平台,整体感很强。它汲取了西方国家的设计思想,改变了以往缺乏整体思路,临时堆砌设备的做法,使舰体外形显得整洁利索。"无畏"级驱逐舰的主要作战任务为反潜,装有2座四联装SS-N-14反潜导弹发射装置、2座四联装533毫米鱼雷发射管、2座12联装RBU-6000反潜火箭发射装置。此外,还可搭载2架卡-27反潜直升机。"无畏"级驱逐舰还具备一定的防空能力,但没有反舰能力。

基本参数	
标准排水量:	6930吨
满载排水量:	7570吨
全长:	163.5米
全宽:	19.3米
吃水深度:	7.79米
最高速度:	30节

"无畏"级驱逐舰高速航行

"无畏"级驱逐舰(下)和美国"奥班农"号驱逐舰(上)共同航行

"无畏"级驱逐舰侧面视角

苏联/俄罗斯"无畏"Ⅱ级驱逐舰

"无畏"Ⅱ级驱逐舰（Udaloy Ⅱ class destroyer）是苏联解体前建造的最后一级驱逐舰，目前是俄罗斯海军唯一的多用途驱逐舰，能遂行防空、反舰、反潜和护航等任务。1989年2月28日，2艘"无畏"Ⅱ级驱逐舰同时开工建造。该级舰原计划首批建造3艘，但不久之后苏联突然解体，接手的俄罗斯经济状况不佳，使得第3艘及后续舰的建造计划都被迫取消。"无畏"Ⅱ级的二号舰也在1991年年初停止建造，后于1994年被拆解出售。

"无畏"Ⅱ级驱逐舰能遂行防空、反舰、反潜和护航等任务，其舰载武器包括：1座双联装AK-130全自动高平两用炮；8座八联装SA-N-9"刀刃"导弹垂直发射系统；2座"卡什坦"近程武器系统；2座SS-N-22"日炙"四联装反舰导弹发射装置，配备3M82型反舰导弹；2座四联装多用途鱼雷发射管，发射SS-N-15"星鱼"反潜导弹；十管RBU-12000反潜火箭发射装置。此外，该级舰还能搭载2架卡-27A反潜直升机。

基本参数

标准排水量：7200吨	满载排水量：8900吨
全长：163.5米	全宽：19.3米
吃水深度：7.5米	最高速度：30节

美军气垫艇驶过"恰巴年科"号驱逐舰

【战地花絮】

"无畏"Ⅱ级的首舰"恰巴年科"号于1992年12月14日下水，但由于俄罗斯缺乏资金和各种设备，该舰的舾装进展非常缓慢，最后在俄罗斯一大型石油集团的资助下才得以最终完成，整个工期持续近10年。

港口中的"无畏"Ⅱ级驱逐舰

苏联/俄罗斯"克里瓦克"级护卫舰

"克里瓦克"级护卫舰（Krivak class frigate）是苏联第一级现代化导弹护卫舰，项目代号1135。该级舰可分为三个子型号：Ⅰ型建于1969～1981年，共建造20艘；Ⅱ型建于1976～1981年，共有11艘；Ⅲ型建于1984～1993年，共9艘。

"克里瓦克"级护卫舰的主要武器包括：2座四联装SS-N-25"明星"舰对舰导弹发射装置，2座双联装SA-N-4"壁虎"舰对空导弹发射装置，1座四联装SS-N-14"石英"反潜导弹发射装置，2座100毫米舰炮，2座六管30毫米舰炮，2座四联装533毫米鱼雷发射管，2座RBU-6000型12管回转式反潜深弹发射装置。对抗措施为4座PK16或10座PK10型箔条诱饵发射装置。

基本参数	
标准排水量：3300吨	满载排水量：3575吨
全长：123.5米	全宽：14.1米
吃水深度：4.6米	最高速度：32节

"克里瓦克"级护卫舰高速航行

"克里瓦克"级护卫舰前方视角

苏联/俄罗斯"格里莎"级护卫舰

"格里莎"级护卫舰（Grisha class corvette）是苏联于20世纪70年代研制的轻型护卫舰，一共建造了80艘，分Ⅰ型、Ⅱ型、Ⅲ型和Ⅴ型，数量分别为15艘、12艘、30艘、23艘。首舰于1968年开工，1971年开始服役。

Ⅰ型舰上装有1座双联装SA-N-4舰空导弹、1门双管57毫米炮、2座双联装533毫米鱼雷发射管、2座12管RBU-6000火箭深弹等。Ⅱ型取消了舰艏的SA-N-4舰空导弹发射架，换装了第二座双管57毫米炮。Ⅲ型则又恢复了舰艏的SA-N-4舰空导弹发射装置，并在舰艉甲板室上加装了1座六管30毫米速射炮。Ⅴ型与Ⅲ型基本相同，仅将Ⅲ型舰艉的双管57毫米炮改为单管76毫米炮。

基本参数
标准排水量：950吨
满载排水量：1200吨
全长：71.6米
全宽：9.8米
吃水深度：3.7米
最高速度：34节

"格里莎"级护卫舰前方视角

"格里莎"级护卫舰侧面视角

港口中的"格里莎"级护卫舰

苏联/俄罗斯"不惧"级护卫舰

"不惧"级护卫舰（Neustrashimy class frigate）是苏联于20世纪80年代后期开始建造的护卫舰，项目代号11540。该级舰原本设计为一种小型的反潜护卫舰，随后由于需求不断扩充，成为一种标准排水量超过3500吨的全能型舰队护卫舰，不仅拥有强大的反潜能力，也有足够的对空监视与防空自卫作战能力。该级舰一共建造了2艘，截至2021年3月仍在俄罗斯海军服役。

"不惧"级护卫舰拥有强大的舰载武备，舰艏设有一座单管100毫米AK-100自动舰炮，射速达50发/分，射程20千米，弹药库内备弹350发炮弹。此外，舰体中段最多能安装4座四联装SS-N-25"弹簧刀"反舰导弹发射器。防空方面，该级舰设有4座八联装3S-95转轮式垂直发射系统，装填32枚SA-N-9"铁手套"短程防空导弹。"不惧"级护卫舰还装备了两座CADS-N-1"卡什坦"近防系统，分别设于机库两侧。

「同级舰」

舷号	舰名	开工时间	服役时间
712	"不惧"	1987年3月25日	1993年1月24日
727	"雅罗斯拉夫·穆德里"	1988年5月27日	2009年7月24日

基本参数
标准排水量：3800吨
满载排水量：4400吨
全长：129.6米
全宽：15.6米
吃水深度：5.6米
最高速度：30节

"不惧"级护卫舰高速航行

二号舰"雅罗斯拉夫·穆德里"号

"不惧"级护卫舰侧面视角

俄罗斯"猎豹"级护卫舰

"猎豹"级护卫舰（Gepard class frigate）是俄罗斯于20世纪90年代开始建造的新型护卫舰，项目代号11661，俄罗斯海军一共装备了2艘。该级舰被用来取代"格里莎"级护卫舰，并抢占全球小吨位水面作战舰艇市场。截至2021年3月，"猎豹"级护卫舰的唯一海外用户是越南海军，已订购6艘。

"猎豹"级护卫舰为典型的近海作战军舰，配备导弹、水雷、鱼雷及舰载机，火力比较齐全。该级舰可搭载飞机，但没有直升机机库，只有飞行甲板。"猎豹"级护卫舰目前分成2.9级和3.9级，3.9级的排水量较2.9级大，携带的导弹量也较多，能在5级的风浪下进行巡航。

基本参数	
标准排水量：	1500吨
满载排水量：	1930吨
全长：	102.1米
全宽：	13.1米
吃水深度：	5.3米
最高速度：	28节

「同级舰」（俄罗斯）

舷号	舰名	下水时间	服役时间
691	"鞑靼斯坦"	2001年7月2日	2003年8月31日
693	"达吉斯坦"	2011年4月1日	2012年11月28日

建造中的"猎豹"级护卫舰

"猎豹"级护卫舰侧前方视角

"猎豹"级护卫舰侧面视角

俄罗斯"守护"级护卫舰

"守护"级护卫舰（Steregushchy class corvette）是俄罗斯海军的新一代多用途隐身护卫舰，项目代号20380。该级舰于2001年开始建造，2007年6月在圣彼得堡举行的国际海军展上首次亮相。俄罗斯海军计划购买30艘"守护"级。截至2021年3月，已有7艘"守护"级护卫舰开始服役。

"守护"级护卫舰装有1门最新型的AK-190 100毫米自动舰炮，1套CADS-N-1"卡什坦"近防系统，2门AK-630型30毫米自动近防武器系统。在反舰导弹方面，"守护"级护卫舰可以搭载8枚SS-N-25"冥王星"或6枚SS-N-27"俱乐部"反舰导弹。该级舰还有4具400毫米鱼雷发射装置，分置于两舷的舱门内。该舰舰艉设有一个直升机机库与飞行甲板，能搭载一架卡-27反潜直升机。

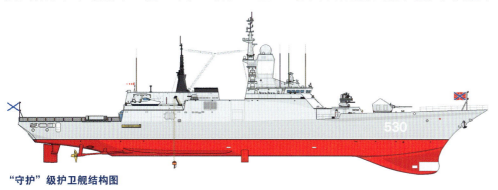

"守护"级护卫舰结构图

基本参数	
标准排水量：	1800吨
满载排水量：	2131吨
全长：	116米
全宽：	11.02米
吃水深度：	3.18米
最高速度：	35节

【战地花絮】

"守护"级护卫舰可以在5级海况下有效使用舰载武器，而俄罗斯其他同等排水量的水面舰艇只能在3～3.5级的海况下进行这些操作。这对搭载直升机的舰艇尤为重要，这是俄罗斯首次在类似吨位的舰艇上配备直升机机库和起降平台。

"守护"级护卫舰后方视角

"守护"级护卫舰侧前方视角

俄罗斯"格里戈洛维奇海军上将"级护卫舰

"格里戈洛维奇海军上将"级护卫舰（Admiral Grigorovich class frigate）是俄罗斯最新研制的导弹护卫舰，计划建造7艘，截至2021年3月已有3艘开始服役。该级舰是以俄罗斯售予印度的"塔尔瓦"级护卫舰为基础改良而来的。2010年10月8日，俄罗斯国防部与位于加里宁格勒的杨塔尔造船厂签署合约，订购首艘"格里戈洛维奇海军上将"级护卫舰。

"格里戈洛维奇海军上将"级护卫舰的主要武器包括：1座100毫米A-190舰炮，3座十二联装3S90E垂直发射系统（装填9M317防空导弹），1座八联装KBSM 3S14U1垂直发射系统（装填"红宝石"反舰导弹），1座十二联装RBU-6000反潜火箭发射器，2座CADS-N-1"卡什坦"近防系统，2座双联装533毫米鱼雷发射管。

基本参数
标准排水量：3850吨
满载排水量：4035吨
全长：124.8米
全宽：15.2米
吃水深度：4.2米
最高速度：32节

「同级舰」

舰名	开工时间	服役时间
"格里戈洛维奇海军上将"	2010年12月	2016年3月
"伊森海军上将"	2011年7月	2016年6月
"马卡洛夫海军上将"	2012年2月	2017年12月
"布塔科夫海军上将"	2013年7月	2024年（计划）
"伊斯托明海军上将"	2013年11月	2024年（计划）
"科尔尼洛夫海军上将"	未开工	2026年（计划）

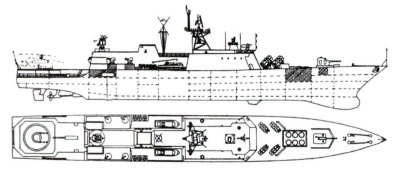

"格里戈洛维奇海军上将"级护卫舰结构图

"格里戈洛维奇海军上将"级护卫舰侧前方视角

俯瞰"格里戈洛维奇海军上将"级护卫舰

俄罗斯"戈尔什科夫"级护卫舰

"戈尔什科夫"级护卫舰（Gorshkov class frigate）是俄罗斯海军目前最新型的导弹护卫舰，也称为22350型护卫舰，由位于圣彼得堡的北方设计局设计，并交由北方造船厂建造。俄罗斯海军计划建造15艘"戈尔什科夫"级护卫舰，首舰"戈尔什科夫"号于2006年2月在北方造船厂安放龙骨，当时计划在2009年完工。不过，由于预算短缺，该舰的建造进度大为落后，直到2010年10月才下水，2018年7月开始服役。

"戈尔什科夫"级护卫舰的舰体设计新颖简洁，隐身程度较高。该级舰的舰艏有1门A-192M型130毫米舰炮，舰炮后方设有4座八联装3K96防空导弹垂直发射系统，可发射9M96、9M96D或9M100等多种防空导弹。防空导弹后方是高出一层甲板的B炮位（舰桥前方），装有2座八联装3R14通用垂直发射系统，可发射多种反舰导弹、反潜导弹和对陆攻击导弹。直升机库两侧各有1座"佩刀"近防系统，配备2门AO-18KD型30毫米机炮与8枚9M340E防空导弹。此外，该级舰还配有2座四联装330毫米鱼雷发射器，舰艉可搭载1架卡-27反潜直升机。

基本参数	
标准排水量：	3900吨
满载排水量：	4500吨
全长：	135米
全宽：	15米
吃水深度：	4.5米
最高速度：	29.5节

高速航行的"戈尔什科夫"级护卫舰

港口中的"戈尔什科夫"级护卫舰

"戈尔什科夫"级护卫舰侧前方视角

欧洲多用途护卫舰

欧洲多用途护卫舰（法语 Frégate Européenne Multi-Mission，简称 FREMM）是法国和意大利联合研制的新一代多用途护卫舰，2012 年开始服役。该级舰不仅装备了法国海军和意大利海军，还出口到埃及和摩洛哥等国。FREMM 的设计注重隐身能力，其中又以法国版的隐身外形较为前卫，上层结构与塔状桅杆采用倾斜设计（7 度~11 度）并避免直角，舰面力求简洁，各项甲板装备尽量隐藏于舰体内，封闭式的上层结构与船舷融为一体，舰体外部涂有雷达吸收涂料。意大利版的外形则比较接近"地平线"级。

在主炮方面，法国版配备 1 门奥托·梅腊拉 76 毫米舰炮的超快速型，而意大利版反潜型则配备了 2 门奥托·梅腊拉 76 毫米舰炮。小口径武器方面，法国版配备 3 门 20 毫米机炮，意大利版则配备 2 门 25 毫米机炮。FREMM 最主要的武器是法制"席尔瓦"垂直发射系统，其舰艏 B 炮位的空间足以容纳 4 座八联装"席尔瓦"发射系统。反舰导弹方面，法国版配备 2 座四联装"飞鱼"MM40 反舰导弹发射系统，意大利版则配备 4 座双联装"泰塞奥"Mk 2/A 导弹发射系统。反潜方面，意大利两种 FREMM 以及法国版反潜型都配备 2 座三联装 324 毫米鱼雷发射装置。舰载机方面，法国版只配备 1 架 NH-90 直升机，意大利版则配备 2 架 NH-90 直升机。

基本参数

标准排水量：	6000 吨
满载排水量：	6700 吨
全长：	144.6 米
全宽：	19.7 米
吃水深度：	8.7 米
最高速度：	29 节

【战地花絮】

法国版以其首舰"阿基坦"号也称之为"阿基坦"级，意大利版以其首舰"卡洛·贝尔加米尼"号也称之为"卡洛·贝尔加米尼"级。

俯瞰法国版首舰"阿基坦"号

意大利版首舰"卡洛·贝尔加米尼"号

意大利版二号舰"维尔吉尼奥·法桑"号侧后方视角

德国"不来梅"级护卫舰

"不来梅"级护卫舰（Bremen class frigate）是德国于20世纪70年代研制的多用途护卫舰，由德国不来梅·富坎船舶公司建造，具有远洋反潜、对海作战和近程防御能力。该级舰一共建造了8艘，首舰于1979年下水，1982年开始服役。

"不来梅"级护卫舰的主要武器包括：2座四联装"鱼叉"反舰导弹发射装置，1座八联装Mk 29"海麻雀"中程舰空导弹发射装置，2座双联装Mk 32型324毫米鱼雷发射管，一座Mk 75型奥托·梅腊拉单管76毫米高平两用炮。此外，该级舰艉部设有直升机机库，载两架"山猫"反潜直升机。

「同级舰」

舷号	舰名	舷号	舰名
F207	"不来梅"	F211	"科隆"
F208	"下萨克森"	F212	"卡尔斯鲁厄"
F209	"莱茵兰-法尔兹"	F213	"奥格斯堡"
F210	"埃姆登"	F214	"吕贝克"

基本参数
标准排水量：2950吨
满载排水量：3680吨
全长：130.5米
全宽：14.6米
吃水深度：6.3米
最高速度：30节

"不来梅"级护卫舰高速航行

首舰"不来梅"号

"不来梅"级护卫舰侧后方视角

德国"勃兰登堡"级护卫舰

"勃兰登堡"级护卫舰（Brandenburg class frigate）是德国于20世纪90年代建造的护卫舰，一共建造了4艘。截至2021年3月，"勃兰登堡"级护卫舰仍全部在役。

"勃兰登堡"级护卫舰的主要武器包括：2座双联装"飞鱼"MM38型反舰导弹发射装置，用于反舰；1座奥托·梅腊拉76毫米舰炮，用于近程防空、反舰；16单元Mk 41 Mod 3型舰空导弹垂直发射装置，备16枚"海麻雀"导弹用于中远程防空；2座21单元Mk 49型"拉姆"点防御导弹发射装置，备21枚RIM-116A型"海拉姆"导弹用于近程防空；2座双联装Mk 32 Mod 9型鱼雷发射管，发射Mk 46 Mod 2型鱼雷用于反潜。此外，该级舰还可搭载2架"超山猫"Mk 88型反潜直升机。

基本参数

标准排水量：3600吨	满载排水量：4490吨
全长：138.9米	全宽：16.7米
吃水深度：4.4米	最高速度：29节

同级舰

舷号	舰名	开工时间	服役时间
F215	"勃兰登堡"	1992年2月	1994年10月
F216	"石勒苏益格－荷尔斯泰因"	1993年7月	1995年11月
F217	"拜仁"	1993年12月	1996年6月
F218	"梅克伦堡－前波莫瑞"	1993年11月	1996年12月

港口中的"勃兰登堡"级护卫舰

三号舰"拜仁"号

德国"萨克森"级护卫舰

"萨克森"级护卫舰（Sachsen class frigate）是目前德国海军最大的水面舰艇，也是德国海军第一艘采用模块化设计的舰艇，又称为F124型。该级舰计划建造4艘，最终建成3艘。首舰"萨克森"号在1996年3月14日签订建造合同，2002年10月交付，2004年正式服役。

"萨克森"级护卫舰是迎合海上作战发展形势建造的新型护卫舰，装备性能一流的APAR主动相控阵雷达，防空作战性能突出。充分采用先进的计算机控制技术，可以称为数字化战舰。该级舰的主要武器包括：1门76毫米舰炮、2门20毫米舰炮、32枚"海麻雀"导弹、24枚"标准"导弹、RIM-116B"拉姆"近程滚动体防空导弹、2座三联装Mk 32鱼雷发射装置。此外，该级舰还可搭载2架NH90直升机。

基本参数
标准排水量：4490吨
满载排水量：5800吨
全长：143米
全宽：17.4米
吃水深度：6米
最高速度：29节

二号舰"石勒苏益格－荷尔斯泰因"号

"萨克森"级护卫舰正面视角

「同级舰」

舷号	舰名	开工时间	服役时间
F219	"萨克森"	1999年2月	2003年12月
F220	"汉堡"	2000年9月	2004年12月
F221	"黑森"	2001年9月	2006年4月

"萨克森"级护卫舰侧前方视角

"萨克森"级护卫舰发射导弹

日本"金刚"级驱逐舰

"金刚"级驱逐舰（Kongō class destroyer）是日本第一种装备"宙斯盾"防空系统的驱逐舰，也是全球除了美国海军之外最早出现的"宙斯盾"军舰。在"爱宕"级驱逐舰服役之前，"金刚"级是日本排水量最大的作战舰艇。该级舰一共建造了4艘，前三艘由三菱重工业长崎造船所建造，最后一艘由石川岛播磨重工业东京第1工厂建造。

"金刚"级驱逐舰是一种侧重于防空作战的大型水面舰艇，配有"宙斯盾"防空系统。与"阿利·伯克"级装备上的最大差异是，美国没有转让"战斧"巡航导弹，因此，"金刚"级驱逐舰不具备远程对岸攻击能力。该级舰的主要武器包括：2组Mk 41导弹垂直发射系统，2座四联装"鱼叉"反舰导弹发射装置，2座Mk 15"密集阵"近程防御系统，2座三联装HOS-302型324毫米鱼雷发射管，4座六管Mk 36 SRBOC干扰火箭发射器和SLQ-25型"水精"鱼雷诱饵。该级舰还可搭载1架直升机。

「同级舰」

舰号	舰名	开工时间	服役时间
DDG-173	"金刚"	1990年5月	1993年3月
DDG-174	"雾岛"	1992年4月	1995年3月
DDG-175	"妙高"	1993年4月	1996年3月
DDG-176	"鸟海"	1995年5月	1998年3月

基本参数

标准排水量：7500吨	满载排水量：9500吨
全长：161米	全宽：21米
吃水深度：6.2米	最高速度：30节

【战地花絮】

"金刚"号隶属于日本海上自卫队第1护卫队群，母港是佐世保。"雾岛"号隶属于日本海上自卫队第4护卫队群，母港为横须贺。"妙高"号隶属于日本海上自卫队第3护卫队群，母港为舞鹤。"鸟海"号隶属于日本海上自卫队第2护卫队群，母港为佐世保。

"金刚"级驱逐舰前方视角

高速航行的"金刚"级驱逐舰

日本"高波"级驱逐舰

"高波"级驱逐舰（Takanami class destroyer）是日本于21世纪初开始建造的驱逐舰，同级舰一共5艘。首舰于2000年4月开工建造，2001年7月下水，2003年3月服役。为了拓展远洋作战能力，日本不断增加"高波"级后续舰的排水量，努力提升这种多用途驱逐舰的耐波性、远洋性、自动化及综合作战能力。

"高波"级驱逐舰采用适合远洋作战的动力配置，配有4台主发动机组成的复合全燃推进系统，双轴推进，全舰合计总功率达到44.1兆瓦。"高波"级驱逐舰使用特殊螺旋桨以降低转速，从而使水中噪音大幅下降，有利于进行反潜作业。该舰还装有功率1.5兆瓦的3部发电机，其中1部是备份系统。

"高波"级驱逐舰的主要武器包括：1座32单元Mk 41导弹垂直发射系统，可发射防空、反潜和巡航导弹；2座四联装反舰导弹发射系统，可发射"鱼叉"或日本国产SSM-1B反舰导弹；1座单管127毫米奥托主炮；2座六管20毫米"密集阵"近防系统；2座三联装HOS-302反潜鱼雷发射管。此外，"高波"级驱逐舰可搭载1架SH-60J反潜直升机。

「同级舰」

舷号	舰名	开工时间	服役时间
DD-110	"高波"	2000年4月25日	2003年3月12日
DD-111	"大波"	2000年5月17日	2003年3月13日
DD-112	"卷波"	2001年7月17日	2004年3月18日
DD-113	"涟波"	2002年4月4日	2005年2月16日
DD-114	"凉波"	2003年9月24日	2006年2月16日

基本参数
标准排水量：4725吨
满载排水量：6300吨
全长：151米
全宽：17.4米
吃水深度：5.3米
最高速度：30节

"高波"级驱逐舰侧面视角

"高波"级驱逐舰高速航行

停泊在港口的"高波"级驱逐舰

日本"爱宕"级驱逐舰

"爱宕"级驱逐舰（Atago class destroyer）是日本海上自卫队现役最新型的"宙斯盾"驱逐舰，以"金刚"级驱逐舰为基础改进而来，整体战力接近美国"阿利·伯克"级ⅡA型。该级舰一共建造了2艘，均由三菱重工长崎造船厂建造，每艘建造费用约13亿美元。舰名均沿用了二战时期日本重巡洋舰的舰名，可见其在日本海上自卫队的地位。

"爱宕"级驱逐舰装备有强大的武器系统，不但具有较强的区域防空作战能力，反潜、反舰作战能力也比"金刚"级有很大提高。该级舰的主要武器包括：2组Mk 41导弹垂直发射系统，2座Mk 15 Block 1B型"密集阵"近程防御系统，4座Mk 36 Mod 12型六管130毫米箔条诱饵发射装置，2座HOS-302型（68式）旋转式三联装324毫米鱼雷发射管，2座四联装90式（SSM-1B）反舰导弹发射装置，1门采用隐身设计的Mk 45 Mod 4型127毫米全自动舰炮，2～4挺12.7毫米机枪。

「同级舰」

舷号	舰名	开工时间	服役时间
DDG-177	"爱宕"	2004年4月5日	2007年3月15日
DDG-178	"足柄"	2005年4月6日	2008年3月13日

基本参数
标准排水量：7700吨
满载排水量：10000吨
全长：165米
全宽：21米
吃水深度：6.2米
最高速度：30节

二号舰"足柄"号

【战地花絮】

"爱宕"号于2007年3月15日开始服役，现隶属日本海上自卫队第3护卫队群，母港为舞鹤市。二号舰"足柄"号于2008年3月13日开始服役，现隶属日本海上自卫队第2护卫队群，母港为佐世保市。

俯瞰"爱宕"级驱逐舰

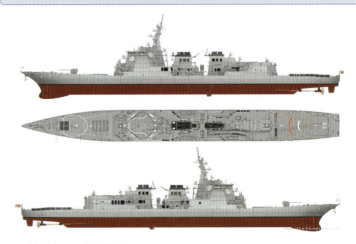
"爱宕"级驱逐舰结构图

日本"秋月"级驱逐舰

"秋月"级驱逐舰（Akizuki class destroyer）是日本建造的以反潜为主的多用途驱逐舰，一共建造4艘。在首舰"秋月"号下水之前，该级舰以其预算通过年度（2007年）在建造时暂称19DD。

"秋月"级驱逐舰的主要武器包括：1座 Mk 45 Mod 4 型 127 毫米主炮，2座四联装 90 式反舰导弹系统，4座八联装 Mk 41 垂直发射系统（供"海麻雀"防空导弹和"阿斯洛克"反潜导弹共用），2座三联装 97 式 324 毫米鱼雷发射装置（发射 Mk 46 型鱼雷或97式鱼雷），2座 Mk 15 Block-1B"密集阵"近程防御系统，4座六管 Mk 36 SBROC 干扰箔条发射装置。此外，该级舰还可搭载 2 架 SH-60K 反潜直升机。

同级舰

舷号	舰名	开工时间	服役时间
DD115	"秋月"	2009年7月17日	2012年3月14日
DD116	"照月"	2010年7月9日	2013年3月7日
DD117	"凉月"	2011年5月18日	2014年3月12日
DD118	"冬月"	2011年6月14日	2014年3月13日

基本参数
- 标准排水量：5000吨
- 满载排水量：6800吨
- 全长：150.5米
- 全宽：18.3米
- 吃水深度：5.3米
- 最高速度：30节

【战地花絮】

从二战开始，日本前后共建造三代"秋月"级驱逐舰。第一代"秋月"级是日本在二战中为防御空中攻击而建造的驱逐舰，共建造13艘。第二代"秋月"级是日本海上自卫队于1958～1959年间建造的专门用于反潜作战的驱逐舰，共建造2艘。第三代"秋月"级即是日本海上自卫队最新建造的多用途驱逐舰，用以替代即将退役的"初雪"级驱逐舰。

"秋月"级驱逐舰高速航行

航行中的"秋月"级驱逐舰

"秋月"级驱逐舰侧前方视角

日本"阿武隈"级护卫舰

"阿武隈"级护卫舰（Abukuma class frigate）是日本于20世纪80年代末开始建造的通用护卫舰，原计划建造11艘，后来因为"初雪"级驱逐舰服役，最终只建造了6艘，均以日本在二战中使用的巡洋舰命名。首舰"阿武隈"号于1988年3月开工建造，1988年12月下水，1989年12月开始服役。

"阿武隈"级护卫舰装备了较先进的"鱼叉"反舰导弹、76毫米舰炮、"密集阵"近防系统、"阿斯洛克"反潜导弹、反潜鱼雷、电子战系统等，基本上达到世界先进驱逐舰相同的武备水平。"阿武隈"级护卫舰隐形效果较好，是日本海上自卫队第一种引入舰体隐形设计的战斗舰只。该级舰使用可变螺距的侧斜螺旋桨，可以降低转数约四分之一，既减少了噪音，又提高了隐蔽性。

同级舰

舷号	舰名	舷号	舰名
DE-229	"阿武隈"	DE-232	"川内"
DE-230	"神通"	DE-233	"筑摩"
DE-231	"大淀"	DE-234	"利根"

基本参数
- 标准排水量：2000吨
- 满载排水量：2550吨
- 全长：109米
- 全宽：13.4米
- 吃水深度：3.8米
- 最高速度：27节

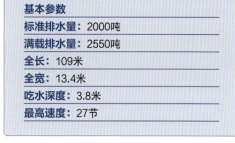
"阿武隈"级护卫舰侧前方视角

港口中的"阿武隈"级护卫舰

"阿武隈"级护卫舰高速航行

韩国"广开土大王"级驱逐舰

"广开土大王"级驱逐舰（Gwanggaeto the Great class destroyer）是韩国海军自行研制设计的第一种驱逐舰，也是韩国现代历史上第一艘真正具有蓝水作战能力的军舰，开创了韩国现代军舰工业的先河。该级舰一共建造了3艘，截至2021年3月仍全部在役。

"广开土大王"级驱逐舰采用柴油机和燃汽轮机交替使用的动力系统，双轴推进。主机为2台美国通用电气公司的LM2500燃汽轮机，用于高速航行。辅机为2台韩国双龙公司与德国公司联合生产的MTU 20V 956 TB82柴油机，用于巡航。螺旋桨为韩国韩中公司获得英国维克斯公司许可生产的可调螺距螺旋桨。

"广开土大王"级驱逐舰装有1座16单元RIM-7M"海麻雀"防空导弹垂直发射装置（Mk 48型）、2座四联装RGM-84D"鱼叉"反舰导弹发射装置、1座单管127毫米奥托主炮、2座七管30毫米"守门员"近防系统、2座三联装324毫米Mk 32鱼雷发射管。该级舰设有机库，可搭载1～2架英国"大山猫"反潜直升机。

「同级舰」

舷号	舰名	下水时间	服役时间
DDH-971	"广开土大王"	1996年10月	1998年7月
DDH-972	"乙支文德"	1997年10月	1999年6月
DDH-973	"杨万春"	1998年9月	2000年6月

基本参数
标准排水量： 3200吨
满载排水量： 3900吨
全长： 135.4米
全宽： 14.2米
吃水深度： 4.2米
最高速度： 30节

CH-46直升机在"广开土大王"级驱逐舰甲板上作业

"乙支文德"号（右）和"忠武公李舜臣"号（左）停靠在珍珠港

高速航行的"杨万春"号

韩国"忠武公李舜臣"级驱逐舰

"忠武公李舜臣"级驱逐舰（Chungmugong Yi Sun-shin class destroyer）是韩国海军自行研制设计的第二种驱逐舰，由韩国大宇造船/船用工程公司和现代重工业公司的两大造船厂共同承建。该级舰一共建造了6艘，首舰于2003年11月开始服役，六号舰于2008年9月开始服役。

"忠武公李舜臣"级驱逐舰采用柴燃联合动力模式（双轴推进），武器配置较为全面，前甲板装备1门127毫米口径舰炮和Mk 41型垂直发射系统（可装"标准"系列防空导弹），中部装备"鱼叉"反舰导弹和鱼雷发射器，并配有荷兰产"守门员"速射炮和21联装"拉姆"近程防空导弹，还可搭载1~2架"山猫"反潜直升机。四号舰"王建"号使用了"美韩联合"的模式，前甲板左侧装备32单元美制Mk 41垂直发射模块，而右侧装备32单元韩国国产的垂直发射模块。

同级舰

舷号	舰名	下水时间	服役时间
DDH-975	"忠武公李舜臣"	2002年5月	2003年11月
DDH-976	"文武大王"	2003年4月	2004年9月
DDH-977	"大祚荣"	2003年12月	2005年6月
DDH-978	"王建"	2005年5月	2006年11月
DDH-979	"姜邯赞"	2006年3月	2007年10月
DDH-981	"崔莹"	2006年10月	2008年9月

基本参数
标准排水量：4500吨　满载排水量：5520吨
全长：150米　全宽：17米
吃水深度：5米　最高速度：29节

【战地花絮】
李舜臣是古代朝鲜名将。在著名的壬辰卫国战争（1592~1598年）期间，他率领朝鲜水师痛击并赶走了日本丰臣秀吉的侵略军，以赫赫战功被封为"忠武公"。

"忠武公李舜臣"级驱逐舰侧前方视角

"忠武公李舜臣"级驱逐舰侧前方视角

航行中的二号舰"文武大王"号

韩国"世宗大王"级驱逐舰

"世宗大王"级驱逐舰（Sejong the Great class destroyer）是韩国海军自行研制设计的第三种驱逐舰，装有著名的"宙斯盾"作战系统，韩国也因此成为继美国、日本、西班牙、挪威之后的第5个拥有"宙斯盾"驱逐舰的国家。

"世宗大王"级驱逐舰的设计参考了美国"阿利·伯克"IIA级驱逐舰的部分特点，比较注重隐身性能，采用长艏楼高平甲板、高干舷、方尾、大飞剪型舰艏、小长宽比设计，舰体后部设有双直升机机库。该级舰安装了美制"宙斯盾"作战系统，整合了AN/SPY-1D相控阵雷达。该级舰装有1门Mk 45 Mod 4型127毫米舰炮、1座"拉姆"近程防空导弹系统、1座"守门员"近防系统、10座八联装Mk 41垂直发射系统、6座八联装K-VLS垂直发射系统、4座四联装SSM-700K"海星"反舰导弹发射装置、2座三联装324毫米"青鲨"鱼雷发射管。此外，该级舰还可搭载两架"超山猫"反潜直升机。

「同级舰」

舷号	舰名	下水时间	服役时间
DDG-991	"世宗大王"	2007年5月	2008年12月
DDG-992	"栗谷李珥"	2008年11月	2010年8月
DDG-993	"西厓柳成龙"	2011年3月	2012年8月

"世宗大王"级驱逐舰前方视角

【战地花絮】

"世宗大王"本名李祹，字元正，为朝鲜王朝第4位国王，生于1397年，是朝鲜文的发明者之一，由于他对国家做出巨大贡献，所以被后世尊称为"世宗大王"。

基本参数

标准排水量： 8500吨
满载排水量： 11000吨
全长： 165米
全宽： 21.4米
吃水深度： 6.3米
最高速度： 30节

三号舰"西厓柳成龙"号

"世宗大王"级驱逐舰参加美韩联合军事演习

荷兰"卡雷尔·多尔曼"级护卫舰

"卡雷尔·多尔曼"级护卫舰（Karel Doorman class frigate）是荷兰于20世纪80年代研制的多用途导弹护卫舰，一共建造了8艘，首舰于1991年开始服役。该级舰是以反潜为主的多用途护卫舰，其设计吸取了世界先进驱逐舰和护卫舰船型的优点，特别适合于大西洋寒冷海区的活动。

"卡雷尔·多尔曼"级护卫舰采用平甲板船型，首舷弧从舰体中部开始出现，直至舰艏，使得整体看去首舷弧并不明显，但舰艏的高度已增加不少，以减小甲板上浪的机会。舰艏尖瘦，舰体中部略宽。该级舰的主要武器包括：2座四联装"鱼叉"反舰导弹发射装置，Mk 48型"海麻雀"舰对空导弹垂直发射装置，1门奥托·梅腊拉76毫米紧凑型舰炮，1座荷兰电信公司的"守门员"近程防御武器系统，2门20毫米机炮，2座双联装324毫米鱼雷发射管。此外，该级舰还可搭载1架"大山猫"直升机。

基本参数	
标准排水量：	2800吨
满载排水量：	3320吨
全长：	122.3米
全宽：	14.4米
吃水深度：	6.1米
最高速度：	30节

俯瞰"卡雷尔·多尔曼"级护卫舰

"卡雷尔·多尔曼"级护卫舰侧前方视角

"卡雷尔·多尔曼"级护卫舰侧后方视角

西班牙"阿尔瓦罗·巴赞"级护卫舰

"阿尔瓦罗·巴赞"级护卫舰（Álvaro de Bazán class frigate）是西班牙研制的"宙斯盾"护卫舰，又称F-100型护卫舰。该级舰一共建造了5艘，截至2021年3月全部在役。

"阿尔瓦罗·巴赞"级护卫舰的主要武器包括：1座六组八联装Mk 41垂直发射系统，发射"标准"导弹或改进型"海麻雀"导弹；1具梅罗卡近防炮，备弹720发；1门127毫米Mk 45 Mod 2舰炮，用于防空、反舰；2套四联装波音公司"鱼叉"反舰导弹系统，用于反舰；2套Mk 46双管鱼雷发射装置，发射Mk 46 Mod 5轻型鱼雷；2挺20毫米机炮。

基本参数
标准排水量：5800吨
满载排水量：6400吨
全长：146.7米
全宽：18.6米
吃水深度：4.8米
最高速度：29节

【战地花絮】

20世纪90年代，美国为了抢占军火份额，宣布向北约国家出口其最先进的舰载"宙斯盾"防空系统。西班牙于1995年6月决定退出与荷兰、德国合作的"三国护卫舰计划"，转而采用美制"宙斯盾"系统。于是，西班牙成为继日本之后第二个获得美国"宙斯盾"系统的国家。

"阿尔瓦罗·巴赞"级护卫舰高速航行

"阿尔瓦罗·巴赞"级护卫舰编队作战

澳大利亚/新西兰"安扎克"级护卫舰

"安扎克"级护卫舰（Anzac class frigate）是澳大利亚和新西兰联合研制的护卫舰。1989年11月10日，澳大利亚海事工程联合公司作为主承包商签订了建造10艘护卫舰的合同，其中8艘为澳大利亚建造，2艘为新西兰海军建造。首舰命名为"安扎克"号，1993年11月开工，1994年9月下水，1996年5月完工服役。

"安扎克"级护卫舰的主要武器包括：8单元Mk 41垂直发射系统（发射"海麻雀"舰空导弹），2座三联装324毫米鱼雷发射管（发射Mk 46鱼雷），1座127毫米Mk 45舰炮。澳大利亚政府已经选定本国CEA技术公司的技术方案，提供一种轻型有源相控阵雷达系统以保护"安扎克"级护卫舰不受反舰巡航导弹的威胁。

基本参数
标准排水量：2800吨
满载排水量：3600吨
全长：118米
全宽：14.8米
吃水深度：4.4米
最高速度：27节

"安扎克"级护卫舰侧面视角

"安扎克"级护卫舰侧前方视角

"安扎克"级护卫舰高速航行

印度"塔尔瓦"级护卫舰

"塔尔瓦"级护卫舰（Talwar class frigate）是俄罗斯于21世纪初为印度海军建造的护卫舰，一共建造了6艘。该级舰是利用苏联"克里瓦克"Ⅲ型护卫舰为基础改进而来，首舰于2000年3月下水，2003年6月开始服役。

"塔尔瓦"级护卫舰的核心装备是"俱乐部"反潜/反舰导弹系统。它包括3M54E反舰导弹和配套的3R14N-11356舰载火控系统，安装在3S90导弹发射架后的1座八联装KBSM3S14E垂直发射系统内。"塔尔瓦"级护卫舰的防御主要依赖"无风"-1中程防空导弹系统，前部甲板还装有1座A-190E型100毫米高平两用主炮。近程防御由"卡什坦"系统提供。反潜武器是1座RBU-6000型12管反潜火箭系统，舰体舯部还有2座双联装DTA-53-11356鱼雷发射管。

"塔尔瓦"级护卫舰侧前方视角

俯瞰"塔尔瓦"级护卫舰

基本参数
标准排水量： 3850吨
满载排水量： 4035吨
全长： 124.8米
全宽： 15.2米
吃水深度： 4.2米
最高速度： 32节

印度"加尔各答"级驱逐舰

"加尔各答"级驱逐舰（Kolkata class destroyer）是印度海军于21世纪初开始建造的驱逐舰，一共建造了3艘，首舰于2014年8月开始服役。"加尔各答"级驱逐舰基本上是印度海军前一代"德里"级驱逐舰的改良版，主要改进是强化舰体隐身设计以及武器装备，满载排水量也增至7000吨。舰体布局沿用"德里"级驱逐舰的基本设计，舰体采用折线过渡，舰艏武器区布置与"德里"级驱逐舰相同。

"加尔各答"级驱逐舰的舰载武器主要包括：4座八联装防空导弹垂直发射系统（装填48枚"巴拉克"8防空导弹），2座八联装3S14E垂直发射系统（装填16枚"布拉莫斯"超音速反舰导弹），2座十二联装RBU-6000反潜火箭发射器，2座四联装533毫米鱼雷发射管，4门六管30毫米AK-630机炮。此外，还能搭载2架卡-28PL或HAL反潜直升机。

基本参数	
标准排水量：	6800吨
满载排水量：	7400吨
全长：	163米
全宽：	17.4米
吃水深度：	6.5米
最高速度：	30节

"加尔各答"级驱逐舰侧后方视角

俯瞰"加尔各答"级驱逐舰

"加尔各答"级驱逐舰侧前方视角

印度"什瓦里克"级护卫舰

"什瓦里克"级护卫舰（Shivalik class frigate）是印度设计建造的大型多用途护卫舰，一共建造了3艘，首舰于2010年4月开始服役。"什瓦里克"级护卫舰的基本设计源于"塔尔瓦"级护卫舰，两者的舰体构型与布局十分相似，但"什瓦里克"级护卫舰的尺寸比"塔尔瓦"级护卫舰增加不少，长度增加17米，满载排水量高达6200吨，已经达到驱逐舰的水平。"什瓦里克"级护卫舰的上层结构造型比"塔尔瓦"级护卫舰更加简洁，开放式舰艉被改为封闭式，舰载小艇隐藏于舰体中段的舱门内，此外也换用隐身性更高的塔式桅杆与烟囱结构。

"什瓦里克"级护卫舰以复合燃汽涡轮与柴油机（CODAG）取代了"塔尔瓦"级护卫舰的复合燃气涡轮或燃汽涡轮（COGOG），在巡航时以较省油的柴油机驱动，高速时改用燃汽涡轮提供动力，故拥有较佳的燃油消耗表现。武装方面，"什瓦里克"级护卫舰的多数舰载武器系统与"塔尔瓦"级护卫舰相同，主要区别在于舰炮与近程防御武器系统。舰载直升机方面，"什瓦里克"级护卫舰的机库结构经过扩大，能容纳2架反潜直升机，比"塔尔瓦"级护卫舰多1架。

基本参数	
标准排水量：	4600吨
满载排水量：	6200吨
全长：	142.5米
全宽：	16.9米
吃水深度：	4.5米
最高速度：	32节

"什瓦里克"级护卫舰侧前方视角

俯瞰"什瓦里克"级护卫舰

"什瓦里克"级护卫舰后方视角

第4章 海上轻骑——小型水面舰艇

小型水面舰艇一般是指标准排水量在1000吨以下的海军作战舰艇,主要用于近海作战。这些舰艇造价相对较低,而且易于建造,因此颇受小国海军的青睐。而在大国海军中,小型水面舰艇也有用武之地。本章主要介绍世界各国建造的经典小型水面舰艇。

美国"阿尔·希蒂克"级导弹艇

"阿尔·希蒂克"级导弹艇（Al-Siddiq class missile boat）是美国彼得森建筑公司于20世纪70年代为沙特阿拉伯皇家海军建造的导弹艇，一共建造了10艘。首舰"阿尔·希蒂克"号于1972年开工建造，1980年服役，其后又有9艘同级舰艇在1981～1982年间先后服役。

"阿尔·希蒂克"级导弹艇拥有高艇舷，倾斜的前甲板，醒目的大型雷达整流罩位于舰桥顶部，细长的三角式主桅位于艇舯。多角的烟囱顶部为黑色，排气口位于主桅后方顶部突出位置，鞭状天线位于上层建筑后缘舰桥顶部。2座双联装"鱼叉"反舰导弹发射装置位于后甲板，后两部朝向左舷，前两部朝向右舷。此外，还有1门76毫米舰炮、1座"密集阵"近防系统、2门20毫米厄利孔机炮、2门81毫米迫击炮和2门40毫米Mk 19榴弹发射器。

基本参数	
标准排水量：400吨	满载排水量：485吨
全长：58.1米	全宽：8.1米
吃水深度：2米	最高速度：38节

俯瞰"阿尔·希蒂克"级导弹艇

美国"飞马座"级水翼导弹艇

"飞马座"级水翼导弹艇（Pegasus class hydrofoil）是美国海军于20世纪70年代后期装备的导弹快艇，具有优良的机动性、耐波性、隐蔽性、抗沉性和载荷能力。该级舰艇一共建造了6艘，在1977～1993年间服役。

基本参数	
标准排水量：200吨	满载排水量：241吨
全长：40米	全宽：8.5米
吃水深度：1.8米	最高速度：48节

五号艇"白羊座"号

"飞马座"级水翼导弹艇为全浸式自控双水翼燃汽轮机和喷水推进的导弹艇。艇体采用混合线型，艏部为尖瘦的V形线型，有助于获得良好的排水航行性能。艉部为短方尾形，与尖舭一起使艇在过渡到翼航状态时把高速阻力减到最小。

"飞马座"级水翼导弹艇以42节高速航行时，最大续航距离可达1000海里。以8节低速航行时，最大续航距离可达2600海里。该级舰艇的主要武器有1门76毫米奥托·梅腊拉舰炮和2座四联装"鱼叉"反舰导弹。

「同级艇」

舷号	艇名	服役时间	退役时间
PHM-1	"飞马座"	1977年7月	1993年7月
PHM-2	"武仙座"	1982年12月	1993年7月
PHM-3	"金牛座"	1981年10月	1993年7月
PHM-4	"天鹰座"	1982年6月	1993年7月
PHM-5	"白羊座"	1982年9月	1993年7月
PHM-6	"双子座"	1982年11月	1993年7月

"飞马座"级水翼导弹艇侧前方视角

美国"旗杆"号巡逻炮艇

"旗杆"号巡逻炮艇（Flagstaff class patrol gunboat）是美国海军于1968年装备的巡逻炮艇，具有良好的适航性，不过造价高昂且技术复杂，因此只建造了1艘（USS Flagstaff PGH-1）。1974年，该艇从美国海军移交到美国海岸警卫队，最终于1978年退役并拆解。

"旗杆"号巡逻炮艇采用全浸式水翼，由自动驾驶仪控制和操作，可以收放。翼航时使用1台2647千瓦的燃汽轮机，采用直角传动带动调距螺旋桨，最大航速45节。排水航行时使用2台柴油机带动喷水泵进行喷水推进，巡航速度大于7节。艇上的武器有1座40毫米舰炮、1座81毫米无后坐力炮、2座双管20毫米舰炮。"旗杆"号巡逻炮艇可在4~5级海况下水翼航行，4级海况下能使用武器。

基本参数

标准排水量：50吨	满载排水量：68吨
全长：25米	全宽：6.6米
吃水深度：1.3米	最高速度：45节

高速航行的"旗杆"号巡逻炮艇

美国"飓风"级巡逻艇

"飓风"级巡逻艇（Cyclone class patrol ship）是美国海军所使用的近岸巡逻艇，一共建造了14艘，截至2021年3月有10艘在美国海军服役，1艘在菲律宾海军服役。该级艇目前是美国海军主要的近海战斗舰艇，主要任务是执行沿海巡逻及监视封锁，同时为"海豹"突击队和其他特种部队提供全套的任务支援。

"飓风"级巡逻艇最初建造的时候长度为51.8米，但是后来为了配置艇艉发送斜坡和回收系统，长度延长到55米。这种巡逻艇最初是为特种作战用途而设计的，但是特种作战指挥官却认为其过于笨重庞大不能满足需求。"飓风"级巡逻艇的主要武器包括2门25毫米机炮、5挺12.7毫米重机枪、2座40毫米自动榴弹发射器、2挺M240B通用机枪和6枚"刺针"防空导弹。此外，船艉安置了1艘硬式充气突击艇（RHIB）。

基本参数
标准排水量：280吨
满载排水量：331吨
全长：55米
全宽：7.6米
吃水深度：2.3米
最高速度：35节

高速航行的"飓风"级巡逻艇

"飓风"级巡逻艇侧后方视角

"飓风"级巡逻艇侧面视角

美国"短剑"高速快艇

"短剑"高速快艇（Stiletto high speed boat）是美国海军设计建造的隐形高速快艇，编号为M80，2006年1月下水，主要用于近海作战试验。"短剑"快艇只需要3名船员即可运行，它一次能够运载12名全副武装的"海豹"突击队员和1艘长11米的特种作战刚性充气艇，还能够搭载1架小型无人机。该艇还可以携带水下机器人，便于执行不同任务。

"短剑"高速快艇的船体采用隐身构造，并采用隐形材料制造船壳，不易被雷达发现。该艇的双M船型设计允许空气和水从下面流过，从而减少风的阻力并产生上升力，最快速度可以达到60节。"短剑"高速快艇的设计不但使其获得了高速，也使其行驶过程中的稳定性更高，高速行驶中的颠簸现象大大减轻，这使得乘坐的舒适度和安全性大大提高。此外，还能减少舰艇在调整航行时产生的尾浪，减少触发水雷的概率，降低声呐信号的强度。

基本参数	
标准排水量：	45吨
满载排水量：	60吨
全长：	27米
全宽：	12米
吃水深度：	0.8米
最高速度：	60节

高速航行的"短剑"高速快艇

"短剑"高速快艇后方视角

"短剑"高速快艇正面视角

美国"复仇者"级扫雷舰

"复仇者"级扫雷舰（Avenger class mine countermeasures ship）是美国于20世纪80年代建造的扫雷舰，一共建造了14艘。首舰于1987年9月服役，最后一艘于1994年11月服役。截至2021年3月，仍有8艘"复仇者"级扫雷舰在美国海军服役。

"复仇者"级扫雷舰采用多层木质结构，外板表面包有多层玻璃纤维，船体具有高强度、耐冲击、抗摩擦等特点。舰上的诸多设备和部件采用铝合金、铜等非磁性材料。"复仇者"级扫雷舰的探雷设备比较先进，舰上装有1部AN/SQQ-0型变深声呐，为单元式结构，可满足数据处理、显示及方向图形成的最新要求。该级舰的扫雷系统也比较完善，舰上的AN/SLQ-48反水雷系统的工作深度超过100米，由电动机驱动，舰上操作人员通过1500米长的电缆实现电源供给和操纵控制。为了保证搜索水雷时能缓速运行和保持舰只基本不动，舰上配备有2台低速推进电机、1部舷侧推进装置及调距桨。

【战地花絮】
2013年1月17日，一艘"复仇者"级扫雷舰在菲律宾南部巴拉望省的图巴塔哈群礁国家海洋公园南礁搁浅，舰上79名船员被迫弃船转移。

基本参数
- 标准排水量：1000吨
- 满载排水量：1312吨
- 全长：68米
- 全宽：12米
- 吃水深度：4.6米
- 最高速度：14节

"复仇者"级扫雷舰侧前方视角

"复仇者"级扫雷舰侧面视角

"复仇者"级扫雷舰返回港口

美国"鱼鹰"级扫雷舰

"鱼鹰"级扫雷舰（Osprey class coastal minehunter）是美国于20世纪90年代研制的扫雷舰，一共建造了12艘，在1993～1999年间先后服役。2006年，首舰"鱼鹰"号扫雷舰和四号舰"知更鸟"号扫雷舰退出现役，之后其他同级舰也陆续退役。退役后的"鱼鹰"级扫雷舰被卖给美国的盟国，截至2021年3月仍有部分在役。

基本参数
- 标准排水量：700吨
- 满载排水量：893吨
- 全长：57米
- 全宽：11米
- 吃水深度：3.7米
- 最高速度：10节

"鱼鹰"级扫雷舰侧后方视角

"鱼鹰"级扫雷舰是世界上现役近岸扫雷舰中,船身尺寸第二大,仅次于英国"亨特"级扫雷舰的近岸扫雷舰。船上装有高精度扫雷声呐与水下无人扫雷载具,大幅提高了扫雷舰的安全性与效率。该级舰的自卫武器为 2 挺 12.7 毫米 Mk 26 机枪,扫雷装置包括阿连特技术系统公司的 SLQ-48 遥控扫雷具、水雷压制系统以及 DGM-4 消磁系统。

「同级舰」

舷号	舰名	舷号	舰名
MHC-51	"鱼鹰"	MHC-57	"鸬鹚"
MHC-52	"苍鹭"	MHC-58	"黑鹰"
MHC-53	"鹈鹕"	MHC-59	"隼"
MHC-54	"知更鸟"	MHC-60	"雀鹞"
MHC-55	"金莺"	MHC-61	"渡鸦"
MHC-56	"翠鸟"	MHC-62	"百舌鸟"

"鱼鹰"级扫雷舰侧面视角

苏联 / 俄罗斯"奥萨"级导弹艇

"奥萨"级导弹艇(Osa class missile boat)是苏联于 20 世纪 50 年代研制的导弹艇,堪称有史以来建造数量最多的导弹艇,总产量超过 400 艘。除苏联海军使用外,还广泛出口到其他国家,包括埃及、印度、波兰、罗马尼亚、阿尔及利亚和保加利亚等。

"奥萨"级导弹艇圆滑的上层建筑轮廓低矮,由前甲板延伸至艇艉;柱式主桅位于艇舯前方,留有安装搜索雷达天线的空间;后方的突出塔架装有火控雷达天线;4 座醒目的大型"冥河"反舰导弹发射装置朝向左右舷主桅和火控雷达方向。除了"冥河"反舰导弹,"奥萨"级导弹艇还装有 2 座双联装 30 毫米舰炮。

"奥萨"级导弹艇高速航行

基本参数
标准排水量:192 吨
满载排水量:235 吨
全长:38.6 米
全宽:7.6 米
吃水深度:1.7 米
最高速度:42 节

【战地花絮】

"奥萨"级导弹艇参加过多场局部战争,如第三次中东战争、第四次中东战争,印巴战争(1971 年)、两伊战争、叙利亚内战等。

高速航行的"奥萨"级导弹艇

"奥萨"级导弹艇的导弹发射装置

苏联/俄罗斯"娜佳"级扫雷舰

"娜佳"级扫雷舰（Natya class minesweeper）是苏联于20世纪70年代建造的远洋扫雷舰，适用于扫除磁性水雷、机械水雷等多种水雷，是一级有一定作战能力的多用途扫雷舰。目前，"娜佳"级扫雷舰仍是俄罗斯海军远洋扫雷舰的主力。此外，该级舰还出口到印度、利比亚、叙利亚等国家。

"娜佳"级扫雷舰的电子装备包括"顿河"Ⅱ或"低槽"搜索雷达、"鼓槌"火控雷达、MG 79/89型舰壳扫雷声呐系统或MG 69/79型舰壳扫雷声呐系统。扫雷装置包括2部GKT-2触发式扫雷装置、1部AT-2水声扫雷装置、1部TEM-3磁性扫雷具。自卫武器包括2座四联装SA-N-5/8"圣杯"防空导弹发射装置、2座双联装30毫米AK 230舰炮（或2门30毫米AK 306舰炮）、2座双联装25毫米舰炮、2座RBU-1200固定式反潜火箭发射装置等。

基本参数	
标准排水量：	804吨
满载排水量：	873吨
全长：	61米
全宽：	10.2米
吃水深度：	3米
最高速度：	16节

港口中的"娜佳"级扫雷舰

英国"亨特"级扫雷舰

"亨特"级扫雷舰（Hunt class mine countermeasures vessel）是英国于20世纪70年代末开始建造的扫雷舰，一共建造了13艘，大多数由沃斯珀·桑尼克罗夫特公司建造。希腊和立陶宛也购买了一些从英国退役的"亨特"级扫雷舰。截至2021年3月，"亨特"级扫雷舰仍有6艘在英国皇家海军服役，1艘在希腊海军服役，2艘在立陶宛海军服役。

基本参数	
标准排水量：	615吨
满载排水量：	750吨
全长：	60米
全宽：	9.8米
吃水深度：	2.2米
最高速度：	17节

"亨特"级扫雷舰侧面视角

"亨特"级扫雷舰侧前方视角

"亨特"级扫雷舰将传统的扫雷舰和现代的猎雷舰艇合二为一,并可作为渔业巡逻舰。"亨特"级扫雷舰的武器装备包括1门30毫米DS30M舰炮、2门20毫米GAM-C01炮、2挺7.62毫米口径机枪。水雷战对抗装备包括2部PAP 104/105型遥控可潜扫雷具、MS 14磁性探雷指示环装置、斯佩里MSSA Mk1拖曳式水声扫雷装置、常规K 8型奥罗柏萨扫雷具。

「同级舰」(英国)

舰号	舰名	下水时间	服役时间
M29	"布雷肯"	1978年	1980年
M30	"莱德伯里"	1979年	1981年
M31	"卡提斯托克"	1981年	1982年
M33	"布罗克莱斯比"	1982年	1982年
M34	"米德尔顿"	1983年	1984年
M37	"奇丁福尔德"	1983年	1984年
M38	"阿瑟斯通"	1986年	1986年
M39	"赫沃思"	1984年	1985年
M41	"昆恩"	1988年	1989年

希腊海军装备的"亨特"级扫雷舰

"亨特"级扫雷舰高速航行

英国"桑当"级扫雷舰

"桑当"级扫雷舰（Sandown class minehunter）是英国于20世纪80年代研制的扫雷舰，一共建造了15艘，其中英国皇家海军装备了12艘，沙特阿拉伯海军装备了3艘。1985年4月，英国皇家海军签订首艇"桑当"号的建造合同，1987年2月开工建造，1989年3月服役。80年代末，爱沙尼亚购买了3艘从英国退役的"桑当"级扫雷舰。

"桑当"级扫雷舰的电子装备包括凯尔文·休斯1007型导航雷达系统、马可尼2093型变深水雷搜索/识别声呐。武器装备包括1门30毫米DS30B舰炮、ECA扫雷系统、2部PAP 104 Mk 5扫雷具、2部"路障"诱饵发射装置。

基本参数

标准排水量：484吨
满载排水量：600吨
全长：52.5米
全宽：10.9米
吃水深度：2.3米
最高速度：13节

「同级舰」（英国）

舷号	舰名	舷号	舰名
M101	"桑当"	M107	"彭布罗克"
M102	"因弗内斯"	M108	"格里姆斯比"
M103	"克罗默"	M109	"班格尔"
M104	"沃尔尼"	M110	"拉姆齐"
M105	"布里德波特"	M111	"布莱斯"
M106	"彭赞斯"	M112	"肖勒姆"

"桑当"级扫雷舰在近海航行

"桑当"级扫雷舰侧前方视角

"桑当"级扫雷舰侧面视角

德国"信天翁"级快速攻击艇

"信天翁"级快速攻击艇（Albatros class fast attack craft）是德国于20世纪70年代初开始建造的快速攻击艇，首艇"信天翁"号于1972年5月4日在吕尔森船厂开始建造，1973年10月22日下水，1976年11月1日建成服役。至1977年12月23日最后一艘"苍鹰"号在克勒格尔船厂建成为止，该级艇一共建成10艘。

"信天翁"级快速攻击艇的主要作战使命是袭击水面舰艇、两栖舰队和补给舰船，保证己方布雷作业的安全，以及防空反导等。该级艇的主要武器为2门76毫米奥托·梅腊拉舰炮、2座双联装MM38"飞鱼"反舰导弹发射装置、2具533毫米鱼雷发射管。雷达有1部荷兰信号公司WM27对海搜索/火控雷达、1部WM41火控雷达及1部美国雷神公司TM1620/6X导航雷达。其他艇载设备还有荷兰信号公司MK22光学指挥仪、巴克韦格曼公司的"热狗"干扰弹发射装置、荷兰信号公司改进的"宙斯盾"作战数据自动处理系统、11号数据链等。

基本参数	
标准排水量：320吨	满载排水量：398吨
全长：57.6米	全宽：7.8米
吃水深度：2.6米	最高速度：40节

【战地花絮】

进入21世纪后，服役已近30年的"信天翁"级快速攻击艇技术性能已显老旧，逐渐从德国海军退役。随着"信天翁"级的退役，"猎豹"级快速攻击艇将成为德国海军导弹艇的中坚。

"信天翁"级快速攻击艇高速航行

"信天翁"级快速攻击艇侧前方视角

港口中的"信天翁"级快速攻击艇编队

德国"猎豹"级快速攻击艇

"猎豹"级快速攻击艇（Gepard class fast attack craft）是德国在"信天翁"级快速攻击艇基础上改进而来的新式快速攻击艇，从 1979 年 7 月 11 日首艇开工建造到 1984 年 11 月 13 日最后一艘建成服役，该级艇一共建造了 10 艘。

"猎豹"级与"信天翁"级的主要区别是"猎豹"级拆掉了 2 具 533 毫米鱼雷发射管和艉部的 76 毫米舰炮，在艉部甲板装 1 座 Mk 49 型二十一联装"拉姆"防空导弹发射装置和水雷导轨，同时还对早期预警系统进行了改进。"猎豹"级的艇员居住条件比"信天翁"级有所改善，且由于武器及操纵系统自动化程度的提高，艇员人数也减少了 5 人。

基本参数	
标准排水量：	300 吨
满载排水量：	390 吨
全长：	57.6 米
全宽：	7.8 米
吃水深度：	2.6 米
最高速度：	40 节

【战地花絮】

"猎豹"级快速攻击艇在 1994～1995 年期间更新了电子战系统，1999 年完成了作战系统升级。

"猎豹"级快速攻击艇高速航行

"猎豹"级快速攻击艇侧前方视角

德国"弗兰肯索"级扫雷舰

基本参数	
标准排水量：550吨	
满载排水量：650吨	
全长：54.4米	
全宽：9.2米	
吃水深度：2.6米	
最高速度：18节	

"弗兰肯索"级扫雷舰（Frankenthal class minehunter）是德国于20世纪80年代后期研制的扫雷舰，由德国阿贝金·拉斯姆森公司与吕尔森船厂共同为德国海军建造，建造工作在1988~1998年间进行，一共建成了12艘。该级舰于1992年12月16日开始服役，组成了德国海军扫雷舰第一大队。

"弗兰肯索"级扫雷舰高大的上层建筑在舰舯后方呈阶梯式布置，舰桥顶部装有小型柱式天线。高大细长的三角式主桅位于艇舯，后甲板装有小型起重机。"弗兰肯索"级扫雷舰的电子设备有雷神公司SPS-64导航雷达、阿特拉斯电子公司DSQS-11M艇壳声呐系统等。该级舰的武器装备为2座四联装"毒刺"防空导弹发射装置、1门40毫米博福斯舰炮。

"猎豹"级快速攻击艇（近）及其他德国舰艇

"弗兰肯索"级扫雷舰前方视角

"弗兰肯索"级扫雷舰高速航行

德国"恩斯多夫"级扫雷舰

"恩斯多夫"级扫雷舰(Ensdorf class minesweeper)是德国于20世纪90年代研制的扫雷舰,一共建造了5艘,1989年6月开始服役。截至2021年3月,"恩斯多夫"级扫雷舰有2艘在役。

"恩斯多夫"级扫雷舰的外观轮廓与"弗兰肯索"级扫雷舰相似,框架式金字塔形主桅位于舰桥顶部,装有WM20/2对海搜索/火控雷达整流罩。该级舰的电子设备包括雷声SPS-64导航雷达、西格纳WM20/2型搜索/火控雷达、阿特拉斯DSQS-11M艇壳声呐系统、汤姆森-CSF DR2000电子支援系统。武器装备包括2座"毒刺"四联装防空导弹发射装置、2门毛瑟27毫米炮、60枚水雷,另有2部"银狗"金属箔条火箭发射装置。

基本参数	
标准排水量:540吨	满载排水量:650吨
全长:54.4米	全宽:9.2米
吃水深度:2.8米	最高速度:18节

"恩斯多夫"级扫雷舰前方视角

德国"库尔姆贝克"级扫雷舰

"库尔姆贝克"级扫雷舰(Kulmbach class minehunter)是德国于20世纪80年代末建造的扫雷舰。该级舰是"哈默尔恩"级扫雷舰现代化改装升级的产物,共改装了5艘,即"库尔姆贝克"号、"乌贝赫恩"号、"赫腾"号、"拉伯"号和"帕索"号。其中,"库尔姆贝克"号、"拉伯"号和"帕索"号于2012~2013年间退役,其他两艘也于2016年6月退役。

基本参数	
标准排水量:560吨	满载排水量:635吨
全长:54.4米	全宽:9.2米
吃水深度:2.8米	最高速度:18节

停泊在港口中的"库尔姆贝克"级扫雷舰

"库尔姆贝克"级扫雷舰的武器系统包括2门40毫米博福斯舰炮,2套便携式"毒刺"防空导弹发射装置,可携带水雷。电子设备有SPS64导航雷达、DSQS-11M扫雷声呐、MWS80-4水雷对抗作战系统、希格诺尔WM 20/2火控系统、汤姆森-CSF DR 2000雷达预警系统等。

航行中的"帕索"号

"库尔姆贝克"号侧面视角

法国"维拉德"级导弹艇

"维拉德"级导弹艇(Velarde class missile boat)是法国为秘鲁海军设计建造的导弹艇,1976年秘鲁海军订购了6艘,原本编号为P-101~P-106,后来改为CM-21~CM-26。"CM"在西班牙语中表示"corbeta misilera",意思为快速导弹巡逻舰。

"维拉德"级导弹艇拥有独特的向下的前甲板前缘,1门76毫米奥托·梅腊拉舰炮安装在A位置,高大圆滑的主上层建筑位于艇舯前方,大型框架式主桅位于中央上层建筑顶部,装有"海神"对海搜索雷达天线。"车辕"Ⅱ火控雷达天线位于舰桥顶部,4部MM38"飞鱼"反舰导弹发射装置位于上层建筑后方,前两部朝右舷倾斜,后两部朝左舷倾斜。此外,"维拉德"级导弹艇还装有2门布雷达40毫米双管炮。

基本参数	
标准排水量:	470吨
满载排水量:	560吨
全长:	64米
全宽:	8.4米
吃水深度:	2.5米
最高速度:	37节

港口中的"维拉德"级导弹艇

"维拉德"级导弹艇低速航行

法国"斗士"级快速攻击艇

"斗士"级快速攻击艇(La Combattante class fast attack craft)是法国在1964～1981年间建造的导弹艇,分为Ⅰ型、Ⅱ型和Ⅲ型。Ⅰ型一号艇于1964年3月建成,仅作为法国海军的对舰导弹系统的试验平台。Ⅱ型是在Ⅰ型基础上改进而来,法国海军未装备,主要供出口,各国的名称各不相同,武器也各不一样。Ⅲ型与Ⅱ型相似,但是船体更大,并装载鱼雷。

"斗士"级快速攻击艇的贯通式主甲板由艇艏延伸至艇艉,艇中后方倾斜的平板式上层建筑顶部装有高大粗壮的封闭式桅杆和细长的柱式桅杆,舰桥顶部装有鞭状天线,40毫米舰炮位于舰桥上层建筑前缘。1座六联装"西北风"防空导弹发射装置位于上层建筑顶部桅杆后方,2座双联装"海鸥"反舰导弹箱式发射装置位于艇艉。除此之外,"斗士"级快速攻击艇还装有20毫米M621型机炮、12.7毫米机枪等武器。

基本参数	
标准排水量:200吨	满载排水量:245吨
全长:42米	全宽:8.2米
吃水深度:1.9米	最高速度:30节

港口中的"斗士"级快速攻击艇

"斗士"级快速攻击艇发射导弹

"斗士"级快速攻击艇侧前方视角

法国 / 荷兰 / 比利时 "三伙伴"级扫雷舰

"三伙伴"级扫雷舰（Tripartite class minehunter）是法国、荷兰和比利时三国联合研制的扫雷舰，法国负责扫雷系统，荷兰负责主推进系统，比利时则承担全部电气设备。整个研制费用由三国分担，而各国造舰费用均由自己承担。该级舰一共建造了45艘，1981年开始服役。

"三伙伴"级扫雷舰的扫雷系统由声呐、精密定位导航设备、情报中心、灭雷装置等组成。舰上 DUBM-21A 舰壳声呐能同时摸索和识别沉底雷和锚雷。搜索水雷深度可达80米，搜索距离大于500米，辨认水雷深度可达60米。在沿岸水域，定位误差不大于15米。该级舰还能以8节的航速拖曳切割扫雷具。扫雷系统由1套轻型切割扫雷具和1部扫雷绞车组成，主要用于扫除触发锚雷。

基本参数
标准排水量：515吨
满载排水量：605吨
全长：51.5米
全宽：8.7米
吃水深度：3.6米
最高速度：15节

【战地花絮】

法国、荷兰、比利时三国的地理位置和环境大致相同，面临的反水雷任务也基本相似，这是三国联合研制"三伙伴"级扫雷舰的基础。

"三伙伴"级扫雷舰侧前方视角

"三伙伴"级扫雷舰在近海航行

"三伙伴"级扫雷舰侧面视角

意大利"勒里希"级扫雷舰

"勒里希"级扫雷舰（Lerici class minehunter）是意大利于20世纪80年代建造的扫雷舰。1975年，意大利海军发展计划批准建造10艘现代化的扫雷舰。1976～1977年间，意大利海军为新型扫雷舰设计进行了招标。1983年，意大利海军决定只建造4艘"勒里希"级，并开始设计其改进型"吉埃塔"级（Gaeta class minehunter）。"勒里希"级扫雷舰的设计很快被各国海军看好，马来西亚、美国、尼日利亚、澳大利亚等国家均有购买。

"勒里希"级扫雷舰和"吉埃塔"级扫雷舰都具有较强的猎扫雷能力，每艘舰都配有1个MIN系统遥控灭雷具、1个"冥王星"系统灭雷具和奥罗佩萨Mk 4机械扫雷具。每只灭雷具上都带有专用高分辨率声呐、电视摄像机、炸药包和爆炸割刀。

基本参数
标准排水量：530吨
满载排水量：620吨
全长：50米
全宽：9.9米
吃水深度：2.6米
最高速度：14节

"勒里希"级扫雷舰侧前方视角

澳大利亚海军装备的"勒里希"级扫雷舰

澳大利亚"阿米代尔"级巡逻舰

"阿米代尔"级巡逻舰（Armidale class patrol boat）是澳大利亚于21世纪初建造的新式巡逻舰，一共建造了14艘，2005年开始服役。

"阿米代尔"级巡逻舰是一种先进的近海作战平台，采用全铝制单船体，艇员为21人。它采用了先进的隐形设计，增强了生存力。该级艇可执行多种任务，如安全监视，打击偷渡、走私、贩毒及其他非法入境活动。"阿米代尔"级巡逻舰的25毫米舰炮装于A位置，主甲板由上层建筑后缘经尖削隔断下降延伸至后甲板，上层建筑前半部分顶部呈流线形倾斜，封闭式舰桥位于后方，大型鞭状天线位于上层建筑前半部分两侧，小型桅杆位于舰桥顶部，装有大型圆形天线，大型半框架式桅杆由舰桥后部的引擎排气口向上延伸，顶部装有导航雷达。

基本参数
标准排水量：300吨
满载排水量：480吨
全长：56.8米
全宽：9.7米
吃水深度：2.7米
最高速度：25节

【战地花絮】

"阿米代尔"级巡逻舰拥有极佳的耐波性，可以在离岸1000海里的海域活动，一次性最长出航时间达42天。

"阿米代尔"级巡逻舰正面视角

"阿米代尔"级巡逻舰在近海航行

加拿大"金斯顿"级扫雷舰

"金斯顿"级扫雷舰（Kingston class minesweeper）是加拿大于20世纪90年代研制的多用途扫雷舰，1996年开始服役，主要用于替换加拿大于50年代建造的"河湾"级和"港湾"级扫雷艇。鉴于财政方面的制约，加拿大海军决定将反水雷功能和近岸防御功能合二为一，"金斯顿"级扫雷舰由此诞生。该级舰一共建造了12艘，截至2021年3月仍全部在役。

"金斯顿"级扫雷舰装有1门博福斯40毫米舰炮和2挺12.7毫米口径机枪。该级舰的扫雷设备包括加拿大英德尔技术公司的SLQ-38奥罗柏萨扫雷装置（单部或双联装）、AN/SQS-511航线测量系统、水雷勘察系统、ISE TB 25遥控式海底勘察装置等。

基本参数
- 标准排水量：800吨
- 满载排水量：962吨
- 全长：55.3米
- 全宽：11.3米
- 吃水深度：3.4米
- 最高速度：15节

"金斯顿"级扫雷舰侧面视角

"金斯顿"级扫雷舰在近海航行

"金斯顿"级扫雷舰侧前方视角

挪威"盾牌"级导弹艇

"盾牌"级导弹艇（Skjold class corvette）是挪威研制的隐形导弹快艇，一共建造6艘，首艇于1999年服役。该级艇和挪威"豪克"级巡逻艇一起执行任务，互相弥补不足。截至2016年12月，所有"盾牌"级导弹艇仍在挪威海军服役。

"盾牌"级导弹艇采用划时代的半气垫船、半双体船设计，速度可以达到惊人的60节。而且其吃水仅1米，不但适合沿岸作业，还能避过一些大型水雷。船上大范围直接采用雷达吸收材料和斜角反射设计。舱门和导弹发射口都内置于船身，连窗户都是紧密无边角镶嵌，可以完全反射雷达波。

基本参数
- 标准排水量：200吨
- 满载排水量：274吨
- 全长：47.5米
- 全宽：13.5米
- 吃水深度：1米
- 最高速度：60节

【战地花絮】
2001年，美国也对"盾牌"级导弹艇颇感兴趣并借了1年用以研究，在此期间由14名挪威外派船员在美国小湾两栖海军基地操作该级艇。

全速航行的"盾牌"级导弹艇

"盾牌"级导弹艇在近海航行

"盾牌"级导弹艇侧面视角

日本"初岛"级扫雷舰艇

"初岛"级扫雷艇（Hatsushima class mine countermeasures ship）是日本于20世纪70年代建造的扫雷舰，首艇"初岛"号于1977年开始在日立船厂建造，1979年12月19日入役。其后21艘分别在日立船厂和日本钢管公司建造，在1980～1989年间入役。由于从该级艇的第23艘"宇和岛"号开始，换装了部分新装备，标准排水量从440吨增大到490吨，因而以后各舰也被称为"宇和岛"级扫雷艇。

基本参数
- 标准排水量：500吨
- 满载排水量：590吨
- 全长：55米
- 全宽：9.4米
- 吃水深度：2.5米
- 最高速度：14节

"初岛"级扫雷艇侧前方视角

"初岛"级扫雷艇除采用普通的双桨双舵外,未采用任何提高操纵性的措施,操纵性可能相对较差,无法实现动力定位。"初岛"级配有1部ZQS-2B或ZQS-3高频舰壳猎雷声呐(从"宇和岛"号起换装),1只S-4("初岛"级)或1只S-7遥控灭雷具("宇和岛"级)和1套扫雷具,富士通公司OPS-9对海搜索雷达,或OPS-39对海搜索雷达(从"宇和岛"级第3艘"月岛"号起换装)。自卫武器为1座"海火神"JM-61三管20毫米火炮。

俯瞰"初岛"级扫雷艇

日本"管岛"级扫雷艇

"管岛"级扫雷艇(Sugashima class mine countermeasures ship)是日立重工公司为日本海上自卫队制造的轻型扫雷艇,1996年开始建造,首舰"管岛"号于1997年8月下水,1999年3月开始服役。日本海上自卫队现役的"管岛"级扫雷舰有10艘,即"管岛"号、"能登岛"号、"角岛"号、"直岛"号、"十余岛"号、"漂岛"号、"出岛"号、"相岛"号、"青岛"号、"宫岛"号。

"管岛"级扫雷艇的艇壳与"初岛"级扫雷艇相似,但上层甲板有所延长以容纳更多装备。该级艇的电子设备主要有OPDS-39B型对海搜索雷达、马可尼GEC 2093型变深声呐系统。武器装备则为1门20毫米JM-61"海火神"舰炮。

基本参数
标准排水量:430吨
满载排水量:510吨
全长:54米
全宽:9.4米
吃水深度:2米
最高速度:14节

"管岛"级扫雷艇高速航行

"管岛"级扫雷艇侧面视角

第5章 深海杀手——潜艇

自一战后,潜艇得到广泛运用,担任许多大国海军的重要位置,其功能包括攻击敌人军舰或潜艇、近岸保护、突破封锁、侦察和掩护特种部队行动等。潜艇还是公认的战略性武器,其研发需要高度和全面的工业能力,目前只有少数国家能够自行设计和生产。本章主要介绍二战以来世界各国建造的经典潜艇。

美国"洛杉矶"级攻击型核潜艇

"洛杉矶"级潜艇(Los Angeles class submarine)是美国于20世纪70年代初开始建造的攻击型核潜艇。该级艇一共建造了62艘,首艇"洛杉矶"号于1972年2月开工,1976年11月服役。截至2021年3月,仍有28艘"洛杉矶"级潜艇在美国海军服役。

"洛杉矶"级潜艇在舰体艏部设有4具533毫米鱼雷发射管,可发射"鱼叉"反舰导弹、"萨布洛克"反潜导弹、"战斧"巡航导弹以及传统的线导鱼雷等。从"普罗维登斯"号开始的后31艘潜艇又加装了12具垂直发射器,可在不减少其他武器数量的情况下,增载12枚"战斧"巡航导弹。此外,该级艇还具备布设Mk 67触发水雷和Mk 60"捕手"水雷的能力。"洛杉矶"级潜艇的动力装置为1座通用电气S6G压水反应堆、2台蒸汽轮机以及1台辅助推进电机。

"洛杉矶"级潜艇不仅火力强大,还具有完善的电子对抗设备,能干扰和躲避敌人的音响鱼雷,并装备了先进的综合声呐,最大探测距离可达180千米。"洛杉矶"级潜艇很好地处理了高速与安静的关系,使最大航速在降低噪音的基础上达到最佳。

"洛杉矶"级潜艇在水面航行

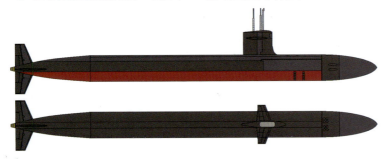

"洛杉矶"级潜艇结构图

"洛杉矶"级潜艇侧后方视角

"洛杉矶"级潜艇参加军演

基本参数	
水上排水量:6082吨	潜航排水量:6927吨
全长:110.3米	全宽:10米
吃水深度:9.9米	潜航速度:32节

【战地花絮】

1991年海湾战争中,美国曾派出两艘"洛杉矶"级潜艇参战,并发射上百枚"战斧"巡航导弹攻击伊拉克陆地上的军事设施,这也是美国攻击型核潜艇首次进行对陆攻击。

美国"乔治·华盛顿"级弹道导弹核潜艇

"乔治·华盛顿"级潜艇（George Washington class submarine）是美国建造的第一代弹道导弹核潜艇，也是世界上最早出现的弹道导弹核潜艇。该级艇一共建造了5艘，于1959～1985年间服役。

"乔治·华盛顿"级潜艇庞大的上层建筑是其外观上最明显的特征，从指挥台围壳前一直向艇艉延伸，覆盖着16具弹道导弹发射筒（发射"北极星"A1弹道导弹）。该级艇的内部分为7个舱室，从首至尾依次是艏鱼雷舱、指挥舱、导弹舱、第一辅机舱、反应堆舱、第二辅机舱和主机舱。其中，艏鱼雷舱布置有6具533毫米鱼雷发射管，分两列布置。反应堆舱里布置一座由威斯汀豪斯电气公司制造的S5W型核反应堆，功率15000轴马力。

「同级艇」

舰号	艇名	服役时间	退役时间
SSBN-598	"乔治·华盛顿"	1959年12月30日	1985年1月24日
SSBN-599	"帕特里克·亨利"	1960年4月11日	1984年5月25日
SSBN-600	"西奥多·罗斯福"	1961年2月13日	1982年12月1日
SSBN-601	"罗伯特·李"	1960年9月15日	1983年12月1日
SSBN-602	"亚伯拉罕·林肯"	1960年9月15日	1981年2月28日

"乔治·华盛顿"级潜艇侧前方视角

基本参数
水上排水量：6019吨
潜航排水量：6880吨
全长：116.3米
全宽：10米
吃水深度：10.1米
潜航速度：24节

【战地花絮】

1960年7月20日，首艇"乔治·华盛顿"号在佛罗里达州的卡纳维拉尔角以水下潜航的状态成功发射了第一枚全功能的"北极星"A1导弹。3小时后，又成功发射了第二枚"北极星"A1导弹。

首艇"乔治·华盛顿"号举行下水仪式

美国"海狼"级攻击型核潜艇

"海狼"级潜艇（Seawolf class submarine）是美国研制的攻击型核潜艇，以静音性能出色而闻名于世。最初美国海军计划在10年间以每年3艘的速度，建造29艘"海狼"级潜艇，后由于冷战结束、删减国防预算和部分的技术问题，造价过于高昂的"海狼"级潜艇建造计划被取消，最终只建成了3艘。

由于应用了现代最新技术，"海狼"级潜艇在动力装置、武器装备和探测器材等设备方面，堪称世界一流。该级艇使用长宽比为7.7∶1的泪滴形艇体，接近最佳长宽比。由于艇壳采用HY-00高强度钢，下潜深度达到了610米。该级艇配有能透过冰层的侦测装置，可在北极冰下海区执行作战任务。"海狼"级潜艇装有8具660毫米鱼雷发射管，可配装50枚Mk 48鱼雷（或"战斧"导弹、"鱼叉"导弹），也可换为100枚水雷。

「同级艇」

舷号	艇名	开工时间	服役时间
SSN-21	"海狼"	1989年10月25日	1997年7月19日
SSN-22	"康涅狄格"	1992年9月14日	1998年12月11日
SSN-23	"吉米·卡特"	1998年12月5日	2005年2月19日

"海狼"级潜艇结构图

【战地花絮】

由于设计变更以及通货膨胀，三号艇"吉米·卡特"号的造价高达32亿美元，较前两艘"海狼"级潜艇的20多亿美元又大幅攀升，成为全世界最昂贵的攻击型核潜艇（截至2021年）。

基本参数

水上排水量：8600吨
潜航排水量：9142吨
全长：107.2米
全宽：12.2米
吃水深度：10.7米
潜航速度：35节

"海狼"级潜艇在水面航行

美国"弗吉尼亚"级攻击型核潜艇

"弗吉尼亚"级潜艇（Virginia class submarine）是美国海军正在建造的最新一级攻击型核潜艇,计划建造66艘,截至2021年3月已建成19艘。

"弗吉尼亚"级潜艇是美国海军有史以来第一种以执行濒海作战任务为主、兼顾大洋作战的多功能潜艇,装有12具"战斧"巡航导弹的垂直发射筒,可发射射程为2500千米的对陆攻击型"战斧"巡航导弹,对陆地纵深目标实施打击。该级艇还装备了4具533毫米鱼雷发射管,发射管具有涡轮气压系统,免除了发射前需要注水而会产生噪音的老问题。这4具鱼雷发射管不但可以发射Mk 48鱼雷、"鱼叉"反舰导弹以及布放水雷,还可以发射、回收水下无人驾驶遥控装置,以及无人飞行器。

"海狼"级潜艇

基本参数	
水上排水量:	6900吨
潜航排水量:	7900吨
全长:	115米
全宽:	10.4米
吃水深度:	10.1米
潜航速度:	30节

「同级艇」（部分）

舷号	艇名	舷号	艇名
SSN-774	"弗吉尼亚"	SSN-781	"加利福尼亚"
SSN-775	"德克萨斯"	SSN-782	"密西西比"
SSN-776	"夏威夷"	SSN-783	"明尼苏达"
SSN-777	"北卡罗来纳"	SSN-784	"北达科他"
SSN-778	"新罕布什尔"	SSN-785	"约翰·沃纳"
SSN-779	"新墨西哥"	SSN-786	"伊利诺斯"
SSN-780	"密苏里"	SSN-787	"华盛顿"

"弗吉尼亚"级潜艇侧前方视角

"弗吉尼亚"级潜艇在地中海执勤

"弗吉尼亚"级潜艇访问日本横须贺军港

美国"伊桑·艾伦"级弹道导弹核潜艇

"伊桑·艾伦"级潜艇（Ethan Allen class submarine）是美国建造的第二代弹道导弹核潜艇，一共建造了5艘，1961～1992年间服役。20世纪80年代初，该级艇被改装为攻击型核潜艇，主要用于训练和反潜演习任务。

"伊桑·艾伦"级潜艇的耐压艇体采用了HY-80高强度钢，使其最大下潜深度可以达到300米，这个下潜深度成为之后美国海军弹道导弹核潜艇的标准下潜深度。该级艇的主要缺点在于噪音水平没有较大改善，不及同时期的苏联潜艇。"伊桑·艾伦"级潜艇装有4具533毫米鱼雷发射管，艇体左右各2具，可填装"萨布洛克"反潜导弹。导弹舱内装有16枚"北极星"A2弹道导弹，后改装"北极星"A3弹道导弹。

基本参数
- 水上排水量：6400吨
- 潜航排水量：7900吨
- 全长：125米
- 全宽：10.1米
- 吃水深度：9.8米
- 潜航速度：21节

【战地花絮】

在美国海军弹道导弹核潜艇的发展中，"伊桑·艾伦"级起到了承上启下的作用。由于该级艇的设计和建造，使得美国海军的弹道导弹核潜艇技术从"乔治·华盛顿"级平稳地过渡到"拉斐特"级，为完成美国海军"北极星"导弹计划的全部过程发挥了关键的衔接作用。

同级艇

舷号	艇名	服役时间	退役时间
SSBN-608	"伊桑·艾伦"	1961年8月8日	1983年3月31日
SSBN-609	"萨姆·休斯顿"	1962年3月6日	1991年9月6日
SSBN-610	"托马斯·爱迪生"	1962年3月10日	1983年12月1日
SSBN-611	"约翰·马歇尔"	1962年5月21日	1992年7月22日
SSBN-618	"托马斯·杰斐逊"	1963年1月4日	1985年1月24日

"伊桑·艾伦"级潜艇在水面航行

"伊桑·艾伦"级潜艇正面视角

美国"拉斐特"级弹道导弹核潜艇

"拉斐特"级潜艇（Lafayette class submarine）是美国建造的第三代弹道导弹核潜艇，一共建造了31艘。从十号艇"麦迪逊"号起至十九号艇，设计上有所改进，因此有人将这一批称为"麦迪逊"级，但美国官方仍将之归类于"拉斐特"级。从"富兰克林"号起的最后12艘又做了进一步改进，美国官方将之归类于"富兰克林"级。从本质上来说，以上三者的基本设计极为类似。

与美国海军前两代弹道导弹核潜艇相比，"拉斐特"级潜艇装备了射程更远的弹道导弹，改进了导弹发射指挥系统，使潜艇在海上能自己选择目标进行攻击，改善了艇员居住条件，改进了电子设备，使其小型化和自动化程度更高。

"拉斐特"级潜艇的主要武器为16枚"北极星"弹道导弹，前8艘装备的是16枚"北极星"A2弹道导弹，后23艘装备"北极星"A3弹道导弹。后来由于反弹道导弹武器的出现，美国海军将"拉斐特"级潜艇全部改为装备"海神"C-3潜射弹道导弹。1978～1982年，美国海军又将该级艇的12艘改为装备"三叉戟"Ⅰ型弹道导弹，并携带12枚鱼雷用于自卫，均由位于艇艏的4具533毫米鱼雷发射管发射。

基本参数	
水上排水量：	7370吨
潜航排水量：	8250吨
全长：	129.5米
全宽：	10.1米
吃水深度：	10米
潜航速度：	25节

【战地花絮】

"拉斐特"级潜艇设计之时，美国海军非常重视核潜艇的静音能力，因此采用了许多"长尾鲨"级攻击型核潜艇的静音科技。

"拉斐特"级潜艇侧前方视角

二号艇"亚历山大·汉密尔顿"号

"拉斐特"级潜艇后方视角

美国"俄亥俄"级弹道导弹核潜艇

"俄亥俄"级潜艇（Ohio class submarine）是美国建造的第四代弹道导弹核潜艇，一共建造了18艘，截至2021年3月仍全部在役。除"亨利·杰克逊"号潜艇外，其他"俄亥俄"级均以美国各州之名命名。冷战结束后，根据美俄达成的《削减进攻性战略武器条约》，有4艘"俄亥俄"级潜艇被改装为巡航导弹核潜艇。

"俄亥俄"级潜艇为单壳型艇体，外形近似于水滴形，长宽比为13.3∶1。舰体舰艏部是非耐压壳体，中部为耐压壳体。耐压壳体从舰艏到舰艉依次分为指挥舱、导弹舱、反应堆舱和主辅机舱四个大舱。该级艇装有24具垂直导弹发射筒，其中前8艘装载"三叉戟"Ⅰ型导弹，到九号艇"田纳西"号时则改为"三叉戟"Ⅱ型导弹（射程12000千米，圆概率偏差90米），前8艘后来也改用"三叉戟"Ⅱ型导弹。此外，被改装成巡航导弹核潜艇的4艘"俄亥俄"级改用了"战斧"巡航导弹。除导弹外，各艇另有4具533毫米Mk 68鱼雷发射管，可携带12枚Mk 48多用途线导鱼雷，用于攻击潜艇或水面舰艇。

"俄亥俄"级潜艇在水面航行

基本参数

水上排水量：16764吨	潜航排水量：18750吨
全长：170米	全宽：13米
吃水深度：11.8米	潜航速度：20节

「同级艇」

舷号	艇名	舷号	艇名
SSGN-726	"俄亥俄"	SSBN-735	"宾夕法尼亚"
SSGN-727	"密歇根"	SSBN-736	"西弗吉尼亚"
SSGN-728	"佛罗里达"	SSBN-737	"肯塔基"
SSGN-729	"佐治亚"	SSBN-738	"马里兰"
SSBN-730	"亨利·杰克逊"	SSBN-739	"内布拉斯加"
SSBN-731	"亚拉巴马"	SSBN-740	"罗得岛"
SSBN-732	"阿拉斯加"	SSBN-741	"缅因"
SSBN-733	"内华达"	SSBN-742	"怀俄明"
SSBN-734	"田纳西"	SSBN-743	"路易斯安那"

艇员在"俄亥俄"级潜艇的甲板上列队

英国"拥护者"级常规潜艇

"拥护者"级潜艇（Upholder class submarine）是英国在20世纪70年代末期研制的常规潜艇，也是英国最后一级服役的常规潜艇，一共建造了4艘。1988年，该级艇被转售给加拿大海军，并改名为"维多利亚"级。

"拥护者"级潜艇装有6具鱼雷发射管，搭载18枚"虎鱼"Mk 24 Mod 2线导鱼雷，也可选用较复杂且较快速的"剑鱼"鱼雷。该级艇还装备了"鱼叉"潜射反舰导弹，采用主动雷达寻的，射程达130千米。"拥护者"级潜艇的主要推进系统为2具帕克斯曼维伦塔1600 RPA-200 SZ柴油发动机，这也是该发动机首次装置于潜艇上。此外，该级潜艇还有1具功率为2800千瓦的电机。

基本参数
水上排水量：2168吨
潜航排水量：2455吨
全长：70.3米
全宽：7.6米
吃水深度：5.5米
潜航速度：20节

【战地花絮】

1998年，加拿大政府出资6亿美元购买所有"拥护者"级潜艇，并加以改装。在2000～2004年间，这些潜艇被重新命名并开始投入加拿大皇家海军服役。

「同级艇」

舷号	艇名	服役时间	退役时间
SSK 876	"维多利亚"	1991年6月7日	1994年7月
SSK 877	"温莎"	1993年6月25日	1994年10月
SSK 878	"布鲁克角"	1992年5月8日	1994年7月
SSK 879	"奇科迪米"	1990年6月2日	1993年4月

"温莎"号潜艇在近海航行

加拿大海军"拥护者"级潜艇

"拥护者"级潜艇在水面快速航行

英国"敏捷"级攻击型核潜艇

"敏捷"级潜艇(Swiftsure class submarine)是英国建造的第二代攻击型核潜艇,一共建造了6艘,首艇于1973年服役。2010年年底,"敏捷"级潜艇全部退役。

"敏捷"级潜艇主要用于发现并摧毁敌方潜艇、护卫弹道导弹潜艇,必要时也可用来攻击地面目标。与英国第一代攻击型核潜艇"勇士"级相比,"敏捷"级潜艇的艇体显得丰满、稍短,前水平舵靠前,少1具鱼雷发射管,下潜深度和航速有所增加。"敏捷"级潜艇装备的武器有休斯公司的"战斧"潜射型巡航导弹,麦道公司的潜射"鱼叉"导弹,此外,还有马可尼公司的"旗鱼"线导鱼雷、"虎鱼"鱼雷等。

同级艇

舰号	艇名	服役时间	退役时间
S126	"敏捷"	1973年4月17日	1992年
S108	"无上"	1974年7月11日	2006年
S109	"壮丽"	1976年11月13日	2008年
S104	"君权"	1978年2月14日	2010年
S105	"斯巴达"	1979年9月22日	2006年
S106	"辉煌"	1981年3月21日	2004年

基本参数
水上排水量:4400吨
潜航排水量:4900吨
全长:82.9米
全宽:9.8米
吃水深度:8米
潜航速度:30节

"敏捷"级潜艇后方视角

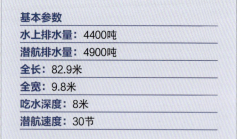

"敏捷"级潜艇进入朴次茅斯港

海军士兵在瞭望台上观察海况

英国"特拉法尔加"级攻击型核潜艇

"特拉法尔加"级潜艇（Trafalgar class submarine）是英国建造的第三代攻击型核潜艇。首艇"特拉法尔加"号于1979年4月开工建造，1983年5月服役，直到1991年共建造了7艘。截至2021年3月，仍有3艘在英国皇家海军服役。

"特拉法尔加"级潜艇采用长宽比为8.7 : 1的泪滴形艇体，接近最佳长宽比，有利于提高航速。艇体为单壳体结构，艇壳使用QN-1钢材制造，艇体外表面铺设消音瓦。"特拉法尔加"级潜艇具有反潜、反舰和对陆攻击的全面作战能力，艇艏装有5具533毫米鱼雷发射管，可发射"战斧"巡航导弹、"鱼叉"反舰导弹、"矛鱼"鱼雷和"虎鱼"鱼雷等，不携带鱼雷时可载50枚Mk 5"石鱼"水雷或Mk 6"海胆"水雷。该级艇的排水量仅为美国"洛杉矶"级潜艇的75%，但反潜、反舰能力和对陆攻击能力却与"洛杉矶"级不相上下。

基本参数
水上排水量：4800吨	潜航排水量：5208吨
全长：85.4米	全宽：9.8米
吃水深度：9.5米	潜航速度：32节

「同级艇」

舷号	艇名	服役时间	退役时间
S107	"特拉法尔加"	1983年5月27日	2009年12月4日
S87	"狂暴"	1984年4月28日	2012年7月14日
S88	"不倦"	1985年10月5日	2014年6月19日
S90	"托贝"	1987年2月7日	2017年7月14日
S91	"锋利"	1989年1月14日	在役
S92	"天才"	1990年5月12日	在役
S93	"凯旋"	1991年10月2日	在役

【战地花絮】

"特拉法尔加"级潜艇以西班牙大西洋沿岸的特拉法尔加海角命名，英法两国曾在此展开19世纪规模最大的一次海战——特拉法尔加海战。这次海战是英国海军史上最大的胜利之一，也是帆船海战史上以少胜多的一场漂亮的歼灭战。

"特拉法尔加"级潜艇侧前方视角

"特拉法尔加"级潜艇在结冰海域中航行

英国"机敏"级攻击型核潜艇

"机敏"级潜艇（Astute class submarine）是英国正在建造的第四代攻击型核潜艇，计划建造 7 艘，截至 2021 年 3 月已完成 4 艘。

"机敏"级潜艇的艇艏装有 6 具 533 毫米鱼雷发射管，可发射"旗鱼"鱼雷、"鱼叉"反舰导弹和"战斧"对陆攻击巡航导弹，鱼雷和导弹的装载总量为 38 枚，也可携带水雷作战。总体上，"机敏"级潜艇的武器火力比"特拉法尔加"级潜艇高出一半。为了有效发挥各种武器的效能，"机敏"级潜艇安装了"塞曼"战术数据处理系统，对武器的发射进行自动化处理，并可以与 16 号数据链配合使用。

"机敏"级潜艇采用模块化设计，使系统维修升级更加简单，原来需要 2~3 天才能完成安装的动力系统，只需要 5 小时左右就可安装完毕。该级艇的动力系统独具特点，它率先在核动力系统以外，配备了常规动力备用设备。这主要是为了避免核潜艇在失去动力后自救无门，甚至造成核灾难事故。

基本参数	
水上排水量：7000吨	潜航排水量：7800吨
全长：97米	全宽：11.3米
吃水深度：10米	潜航速度：32节

【战地花絮】

2007 年 6 月 8 日，首艇"机敏"号在坎布里亚郡巴鲁因佛奈斯港下水，英国王储查尔斯的妻子、康沃尔公爵夫人卡米拉主持了下水仪式。她弃用了传统的香槟，而是在庆祝仪式中选用了艇员酿制的啤酒。

「同级艇」

舷号	艇名	开工时间	服役时间
S119	"机敏"	2001 年 1 月 31 日	2010 年 8 月 27 日
S120	"伏击"	2003 年 8 月 22 日	2013 年 3 月 1 日
S121	"机警"	2005 年 3 月 11 日	2016 年 3 月 18 日
S122	"勇敢"	2009 年 3 月 24 日	2020 年 4 月 3 日
S123	"安森"	2011 年 10 月 13 日	2022 年（计划）
S124	"阿伽门农"	2013 年 7 月 18 日	2024 年（计划）
S125	"阿贾克斯"	尚未开工	2026 年（计划）

"机敏"级潜艇在水面航行

英国"决心"级弹道导弹核潜艇

"决心"级潜艇（Resolution class submarine）是英国建造的第一代弹道导弹核潜艇，一共建造了4艘，于1968～1996年间服役。

"决心"级潜艇的艇体采用近似拉长的泪滴形，有利于水下航行。艇艏水线以下设有6具鱼雷发射管，呈双排纵列布置。艏部非耐压壳设有水平舵，靠近表面甲板，可向上折起，避免靠岸时碰撞。指挥台围壳相对较小，向后倾斜，整体呈水滴型。指挥台围壳后是弹道导弹垂直发射井，左、右舷各一排，每排8个。舰艉为十字形操纵面，水平、垂直翼的边缘都不与艇体中心线垂直。"决心"级潜艇的主要武器是美制"北极星"A3导弹，装有3个由英国自制的20万吨梯恩梯（TNT）当量分导弹头，弹头上装有一种突防装置，以克服反弹道导弹的防御。

基本参数	
水上排水量：7600吨	潜航排水量：8500吨
全长：129.5米	全宽：10.1米
吃水深度：9.1米	潜航速度：25节

【战地花絮】

冷战期间，"决心"级潜艇大非常活跃，共出海巡逻执行战斗值班任务两百多次。

"机敏"级潜艇侧后方视角

"决心"级潜艇停泊在英国港口

「同级艇」

舰号	艇名	服役时间	退役时间
S22	"决心"	1967年10月2日	1994年10月
S23	"反击"	1968年9月28日	1996年8月
S26	"声望"	1968年11月15日	1996年8月
S27	"复仇"	1969年12月4日	1992年5月

"决心"级潜艇结构图

英国"前卫"级弹道导弹核潜艇

"前卫"级潜艇（Vanguard class submarine）是英国于20世纪80年代研制的第二代弹道导弹核潜艇，一共建造了4艘，目前全部在役，是英国唯一的海基核力量。

"前卫"级潜艇采用泪滴形艇体，艇的长宽比为11.7∶1，略显瘦长。艇体结构为单双壳体混合型，有利于降低艇体阻力和提高推进效率。艇体外形光顺，航行阻力较低，并敷有消声瓦。艇内布置有艏鱼雷舱、指挥舱、导弹舱、辅机舱、反应堆舱、主机舱6个舱室。艇壳采用Q1N钢制造，与美国潜艇用钢HY80钢性能相似。"前卫"级潜艇采用了英国首创的泵喷射推进技术，有效降低辐射噪音，安静性和隐蔽性尤为出色。该级艇装备了世界上最先进的"三叉戟"Ⅱ型导弹，一共16枚。该导弹为三级固体燃料推进的导弹，射程达12000千米。

「同级艇」

舷号	艇名	开工时间	服役时间
S28	"先锋"	1986年9月3日	1993年8月14日
S29	"胜利"	1987年12月3日	1995年1月7日
S30	"警戒"	1991年2月16日	1996年11月2日
S31	"复仇"	1993年10月13日	1999年11月27日

基本参数
水上排水量：14891吨　潜航排水量：15900吨
全长：149.9米　全宽：12.8米
吃水深度：12米　潜航速度：25节

"前卫"级潜艇发射导弹

"前卫"级潜艇侧前方视角

"前卫"级潜艇在牵引船的引导下进入港口

法国"阿格斯塔"级常规潜艇

"阿格斯塔"级潜艇（Agosta class submarine）是法国于20世纪70年代建造的一级常规动力潜艇，首艇"阿格斯塔"号于1972年开工建造，1977年7月开始服役。除装备法国海军（4艘，均已退役）外，"阿格斯塔"级潜艇还出口到西班牙（4艘，截至2021年3月仍有2艘在役）和巴基斯坦（5艘，截至2021年3月全部在役）等国家。2005年，马来西亚也购买了一艘从法国海军退役的"阿格斯塔"级潜艇。

"阿格斯塔"级潜艇的艇艏装有4具533毫米鱼雷发射管，能携带和发射法国制造的Z16、E14、E15、L3、L5和F17P等多种型号的鱼雷。Z16为直航式鱼雷，主要用来攻击水面舰艇和大型商船。E14、E15为单平面被动寻的鱼雷，用以攻击水面舰艇。L3与L5为双平面主动寻的鱼雷，用来攻击潜艇。F17P为双平面主/被动寻的末端线导鱼雷，既能反舰，又能反潜。该级潜艇还能同时携带和发射SM39型"飞鱼"反舰导弹、布放MC23型水雷以及发射PIIL气幕弹。艇上可携带鱼雷或导弹20枚，或水雷36枚。

「同级艇」（法国海军）

舷号	艇名	服役时间	退役时间
S620	"阿格斯塔"	1977年	1997年
S621	"贝兹尔斯"	1977年	1998年
S622	"拉普雷亚"	1978年	2000年
S623	"乌埃桑岛"	1978年	2001年

基本参数
水上排水量：1524吨　潜航排水量：1760吨
全长：67.6米　全宽：6.8米
吃水深度：5.4米　潜航速度：20节

俯瞰"阿格斯塔"级潜艇

退役后改造为博物馆的"阿格斯塔"级潜艇

出口到西班牙的"阿格斯塔"级潜艇

法国"红宝石"级攻击型核潜艇

"红宝石"级潜艇(Rubis class submarine)是法国于20世纪70年代开始建造的第一代攻击型核潜艇,一共建造了6艘,其中后2艘为改进型,而前4艘也在90年代初进行了现代化改装。截至2021年3月,仍有5艘"红宝石"级潜艇在法国海军中服役。

"红宝石"级潜艇在艇艏装有4具533毫米鱼雷发射管,可发射鱼雷和导弹。鱼雷主要为F-17Ⅱ型和L-5Ⅲ型。F-17Ⅱ型为线导、主/被动寻的型鱼雷,40节时射程20千米。L-5Ⅲ型为两用鱼雷,主/被动寻的,35节时射程9.5千米。该级潜艇还搭载了SM-39"飞鱼"潜射反舰导弹,射程50千米,战斗部重165千克。艇上可携带鱼雷和导弹共18枚,在执行布雷任务时则可携带各型水雷。该级艇的动力装置为CAS48型一体化反应堆,功率为48兆瓦,堆芯寿命25年。"红宝石"级潜艇的最大下潜深度300米,改进型增加到350米。

基本参数

水上排水量:	2400吨
潜航排水量:	2600吨
全长:	72.1米
全宽:	7.6米
吃水深度:	6.4米
潜航速度:	25节

同级艇

舷号	艇名	服役时间
S601	"红宝石"	1983年2月
S602	"蓝宝石"	1984年7月
S603	"黄宝石"	1987年4月
S604	"绿宝石"	1988年9月
S605	"紫水晶"	1992年3月
S606	"珍珠"	1993年7月

【战地花絮】

虽然"红宝石"级潜艇的吨位较小,但非常适合法国海军使用。法国是地中海沿岸国家,而法国海军主要活动在地中海,大型核潜艇反而不便在浅水区操作。

"红宝石"级潜艇侧后方视角

"红宝石"级潜艇侧面视角

法国"可畏"级弹道导弹核潜艇

"可畏"级潜艇（Redoutable class submarine）是法国于20世纪60年代开始建造的第一级弹道导弹核潜艇，前后一共建造了6艘，现已全部退役。

"可畏"级潜艇安装了4具533毫米鱼雷发射管，可携带18枚鱼雷。该级艇最初两艘上配置有M1潜射弹道导弹，其改良型M2及后续的M20、M4则在随后配置于所有的"可畏"级潜艇上。M20拥有一枚具有120万吨梯恩梯当量的热融合核子弹头，射程约为3974千米。M20的扩大型M4潜射弹道导弹可携带6具15万吨梯恩梯当量的多目标弹头独立重返大气载具（MIRV），射程远达6114千米。

同级艇

舷号	艇名	服役时间	退役时间
S610	"可畏"	1971年	1991年
S611	"可惧"	1973年	1996年
S612	"雷霆"	1974年	1998年
S613	"无敌"	1976年	2003年
S614	"轰鸣"	1980年	1999年
S615	"不屈"	1985年	2008年

基本参数
- 水上排水量：8080吨
- 潜航排水量：9000吨
- 全长：128米
- 全宽：10.6米
- 吃水深度：10米
- 潜航速度：25节

【战地花絮】

"可畏"级潜艇的艇员分两组：蓝组和红组，轮流出海，经过一段时间的作战巡逻（约70天），两组艇员互换，一组艇员离艇休假5～6周，另一组则开始值勤。

退役后保存在法国西北部瑟堡港船坞中的首艇"可畏"号

"可畏"级潜艇在水面航行

"可畏"级潜艇艉部

法国"凯旋"级弹道导弹核潜艇

"凯旋"级潜艇（Triomphant class submarine）是法国建造的第二代弹道导弹核潜艇，一共建造4艘，截至2021年3月仍全部在役，是法国核威慑力的重要组成部分。

"凯旋"级潜艇的艇体长宽比为11∶1，具有光顺的流线形表面。指挥台围壳居中靠近艏部，围壳前部有围壳舵。艇壳材料采用HLES-100高强度钢，潜艇的下潜深度可达400米。耐压壳内布置有鱼雷舱、指挥舱、导弹舱、反应堆舱、主机舱、尾舱6个舱室。

"凯旋"级潜艇装有16具弹道导弹发射筒，设计装备M-51导弹。该导弹为三级固体燃料导弹，射程11000千米，圆概率偏差300米。每枚导弹可携带6个威力为150000吨梯恩梯当量的分导式热核弹头。该级艇艏部设置4具533毫米鱼雷发射管，可发射L5-3型两用主/被动声自导鱼雷或SM39"飞鱼"反舰导弹，鱼雷和反舰导弹可混合装载18枚。

基本参数

水上排水量：12640吨
潜航排水量：14335吨
全长：138米
全宽：12.5米
吃水深度：12.5米
潜航速度：25节

【战地花絮】

2009年2月3日，"凯旋"号潜艇完成任务返航途中，与英国皇家海军"先锋"号核潜艇相撞。有军事专家估计，潜艇的降噪技术大幅提高，加上声音在海中传播的复杂性，是两艘先进核潜艇碰撞的原因。

「同级艇」

舷号	艇名	服役时间
S616	"凯旋"	1997年3月21日
S617	"鲁莽"	1999年12月23日
S618	"警醒"	2004年11月26日
S619	"猛烈"	2010年9月20日

"凯旋"级潜艇前方视角

船坞中的"凯旋"级潜艇

"凯旋"级潜艇参加军演

法国/西班牙"鲉鱼"级常规潜艇

"鲉鱼"级潜艇(Scorpène class submarine)是法国和西班牙于20世纪末联合研制的常规动力潜艇,分为标准型、AIP型和缩小型三种类型。该级艇主要用于出口,目前已成功销往智利、马来西亚、印度和巴西等国家。

"鲉鱼"级潜艇采用了"金枪鱼"形的壳体形式,并尽可能减少了体外附属物的数量。艇上主要设备均采取弹性安装,在需要的部位还采用了双层减震。精心设计的螺旋桨具有较低的辐射噪音。由于潜艇的耐压壳体采用高拉伸钢建造,故重量轻,可使艇上装载更多的燃料和弹药,并使其随时根据需要下潜至最大深度。"鲉鱼"级潜艇的高度的自动化,关键功能的实时分析及冗余设计,使其人员编制可减少到31人,正常值班仅需9人。

基本参数	
水上排水量:1700吨	潜航排水量:2000吨
全长:76.2米	全宽:6.2米
吃水深度:5.5米	潜航速度:20节

【战地花絮】

AIP是"Air-Independent Propulsion"(不依赖空气推进)的缩写,是指无须获取外间空气中氧气的情况下能够长时间地驱动潜艇的技术。使用该技术的潜艇连续的潜航时间及潜航距离较长,但仍比核潜艇短很多。

"鲉鱼"级潜艇侧前方视角

港口中的"鲉鱼"级潜艇

苏联/俄罗斯"基洛"级常规潜艇

"基洛"级潜艇（Kilo class submarine）是苏联于20世纪80年代初开始建造的常规动力潜艇，也是俄罗斯海军现役的主力常规动力潜艇。该级艇于1974年开始设计，首艇"基洛"号于1979年下水，1982年开始服役。除俄罗斯海军外，印度、波兰、伊朗、越南和阿尔及利亚等国的海军也装备了"基洛"级潜艇。

"基洛"级潜艇的艇艏设有6具533毫米鱼雷发射管，可发射53型鱼雷、SET-53M鱼雷、SAET-60M鱼雷、SET-65鱼雷、71系列线导鱼雷等，改进型和印度出口型还可以通过鱼雷管发射"俱乐部"-S潜射反舰导弹。"基洛"级艇内共配备18枚鱼雷，并有快速装雷系统。6具发射管可在15秒内完成射击，2分钟后再装填完毕，以实施第二轮打击。"基洛"级潜艇的最大特点便是优异的安静性，其设计目标就将安静性置于快速性之上，通过各种措施将噪音降到了118分贝。

"基洛"级潜艇结构图

基本参数	
水上排水量：	2325吨
潜航排水量：	3076吨
全长：	73.8米
全宽：	9.9米
吃水深度：	16.6米
潜航速度：	20节

【战地花絮】

2013年8月，印度海军一艘停靠在孟买海军造船厂的"基洛"级潜艇发生爆炸起火事故，大量官兵跳海逃生，但仍有18人被困。

"基洛"级潜艇侧后方视角

俯瞰"基洛"级潜艇

"基洛"级潜艇通过重型货轮运输

俄罗斯"拉达"级常规潜艇

"拉达"级潜艇（Lada class submarine）是俄罗斯自苏联解体后研制的第一级常规动力潜艇，设计工作由红宝石设计局负责。"拉达"级潜艇计划建造8艘，首艇"圣彼得堡"号于1997年12月开工建造，2004年10月下水，2010年5月开始服役。

"拉达"级潜艇装有6具鱼雷发射管，武器载荷为18枚。该级艇在设计上有诸多创新，其中包括1套基于现代数据总线技术的自动化指挥和武器控制系统、1套包含拖曳阵在内的声呐装置以及"基洛"级潜艇上的降噪技术。红宝石设计局同时也开发了AIP推进模块，可根据用户的需要进行安装。对外出口型还可在水平舵后加装一个垂直发射舱，可以容纳8具垂直发射管，发射"布拉莫斯"反舰导弹。

"拉达"级潜艇前方视角

基本参数
水上排水量：1675吨
潜航排水量：2700吨
全长：72米
全宽：7.1米
吃水深度：6.5米
潜航速度：21节

【战地花絮】
2013年10月17日，"圣彼得堡"号潜艇抵达俄罗斯海军北海舰队，进行了一系列的综合测试，包括在巴伦支海的深水测试。

"拉达"级潜艇侧前方视角

苏联/俄罗斯"维克托"级攻击型核潜艇

"维克托"级潜艇（Victor class submarine）是苏联研制的第二代攻击型核潜艇，一共建造了48艘，首艇于1967年开始服役。截至2021年3月，仍有3艘在役。

"维克托"级潜艇装备了4具533毫米鱼雷发射管和2具650毫米鱼雷发射管，可以发射53型鱼雷和65型鱼雷，以及SS-N-15和SS-N-16反潜导弹等。此外，该级艇还可携带射程为3000千米的SS-N-21远程巡航导弹，战斗部为20万吨梯恩梯当量的核弹头或500千克烈性炸药的常规弹头，其巡航高度为25～200米，能够攻击敌方陆上重要目标。

基本参数
水上排水量：4950吨
潜航排水量：5300吨
全长：94米
全宽：10.5米
吃水深度：7.3米
潜航速度：32节

【战地花絮】

1959年，美国第一艘弹道导弹核潜艇"乔治·华盛顿"号开始服役，苏联不得不重新考虑海上战略，将此前不重视的反潜作战摆到重要位置。在这样的情况之下，用于反潜作战的"维克托"级攻击型核潜艇便应运而生。

"维克托"级潜艇结构图

"维克托"级潜艇前方视角

"维克托"级潜艇侧后方视角

"维克托"级潜艇在水面快速航行

苏联/俄罗斯"阿库拉"级攻击型核潜艇

"阿库拉"级潜艇（Akula class submarine）是苏联建造的第四代攻击型核潜艇，也是苏联研制的最后一种潜艇。该级艇分为Ⅰ型、Ⅱ型和Ⅲ型三种子型号，一共建造了15艘。截至2021年3月，仍有10艘在俄罗斯海军服役，1艘在印度海军服役。

"阿库拉"级潜艇采用良好的水滴外形，并采用了双壳体结构，里面一层艇壳为钛合金制造的耐压壳体，这种耐压壳能保证"阿库拉"级潜艇顺利下潜到650米深，而当时一般的潜艇最多只能下潜到600米。该级艇装有4具533毫米鱼雷发射管和4具650毫米鱼雷发射管，前者发射53-65型鱼雷，后者发射65-73型和65-76型鱼雷。除鱼雷外，533毫米鱼雷发射管还可发射SS-N-15"海星"导弹、SS-N-21远程巡航导弹、"俱乐部"-S系列反舰导弹和SA-N-10防空导弹，650毫米鱼雷发射管则可发射SS-N-16"种马"导弹。

"阿库拉"级潜艇后方视角

"阿库拉"级潜艇在水面航行

"阿库拉"级潜艇结构图

基本参数	
水上排水量：8140吨	潜航排水量：12770吨
全长：110米	全宽：13.5米
吃水深度：9米	潜航速度：33节

【战地花絮】

2008年11月8日，印度海军从俄罗斯租借的"阿库拉"级潜艇（被印度命名为"查克拉"号）在日本海进行移交前的测试时，突然触发了灭火系统，氟利昂气体充满艇内导致17名平民和3名水兵窒息而死并有多人受伤。

"阿库拉"级潜艇侧后方视角

俄罗斯"亚森"级攻击型核潜艇

"亚森"级潜艇（Yasen class submarine）是俄罗斯研制的新型攻击型核潜艇，计划建造12艘，截至2021年3月已有1艘服役。该级艇由"阿库拉"级和"阿尔法"级发展而来，计划用来取代目前俄罗斯海军中于苏联时期研制的潜艇，包括"阿库拉"级和"奥斯卡"级。

与以往的俄罗斯核潜艇相比，"亚森"级潜艇具有更加强大的火力、更强大的机动性和更高的隐蔽性。该级艇在艇艏装备了4具650毫米鱼雷发射管和2具533毫米鱼雷发射管，可以发射65型鱼雷、53型鱼雷、SS-N-15反潜导弹等武器。此外，该级艇还在指挥台围壳后方的巡航导弹舱布置了8具用于发射SS-N-27巡航反舰导弹的垂直发射管。SS-N-27巡航导弹的最大飞行速度为2.5马赫，最大射程超过3000千米。

"亚森"级潜艇结构图

基本参数	
水上排水量：8600吨	潜航排水量：13800吨
全长：120米	全宽：15米
吃水深度：8.4米	潜航速度：28节

【战地花絮】

由于"阿库拉"级潜艇的设计目的是用于深海作战，在浅海作战有些力不从心。为此，俄罗斯海军决定建造一种能够和美国"弗吉尼亚"级潜艇及"海狼"级潜艇对抗的核动力潜艇。"亚森"级潜艇便在这种背景下研制而成。

"亚森"级潜艇在海面航行

"亚森"级潜艇浮在水面

苏联/俄罗斯"德尔塔"级弹道导弹核潜艇

"德尔塔"级潜艇（Delta class submarine）是苏联建造的第三代弹道导弹核潜艇，有4种外形相似，但又各有不同的艇型。目前，"德尔塔"Ⅰ级（18艘）和"德尔塔"Ⅱ级（4艘）已全部退役，"德尔塔"Ⅲ级（14艘）、"德尔塔"Ⅳ级（7艘）仍有部分在役。

"德尔塔"Ⅳ级是俄罗斯弹道导弹核潜艇中出勤率和妥善率最高的艇级，携带16发P-29PM潜射弹道导弹，装载在D-9PM型发射筒内。该级艇还可以使用SS-N-15"海星"反舰导弹，时速为200节，射程为45千米，可以装配核弹头。"德尔塔"Ⅳ级可以在6~7节航速、55米潜深的情况下连续发射所有的导弹，并且可以在任何航向下，以及一定的纵向倾斜角度下发射导弹。此外，该级艇还装备了4座533毫米鱼雷发射管，并安装了自动鱼雷装填系统。

「同级艇」（"德尔塔"Ⅳ级）

舰号	服役时间	状态
K-51	1984年12月	在役
K-84	1985年2月	在役
K-64	1986年2月	已改为特殊用途潜艇
K-114	1987年1月	在役
K-117	1988年3月	在役
K-18	1989年9月	在役
K-407	1992年2月	在役

基本参数

水上排水量：13500吨	潜航排水量：19000吨
全长：167米	全宽：12米
吃水深度：9米	潜航速度：24节

【战地花絮】

1998年7月7日，"德尔塔"级潜艇发射运载火箭"无风"-1型，搭载2枚德国的人造卫星并成功发射至近地轨道。这是世界上第一次由水下发射运载火箭搭载人造卫星进入近地轨道。

"德尔塔"Ⅳ级潜艇结构图

俯瞰"德尔塔"级潜艇

"德尔塔"级潜艇侧前方视角

苏联/俄罗斯"台风"级弹道导弹核潜艇

"台风"级潜艇（Typhoon class submarine）是苏联研制的第四代弹道导弹核潜艇，一共建造了6艘，首艇于1981年开始服役。2004年，俄罗斯决定彻底拆解1艘现役艇和2艘退役艇，同时保留1艘用于战备，修复1艘用作弹道导弹的发射试验平台。至此，"台风"级潜艇仅剩下1艘现役艇，截至2021年3月仍然在役。

"台风"级潜艇最独特的设计是"非典型双壳体"，即导弹发射筒为单壳体，其他部分采用双壳体。导弹发射筒夹在双壳耐压艇体之间，可避免出现"龟背"而增大航行的阻力和噪音，并节约建造费用。该级艇共有19个舱室，从横剖面看成品字形布设，主耐压艇体、耐压中央舱段和鱼雷舱采用钛合金材料，其余部分都用消磁高强度钢材。

"台风"级潜艇设有20具导弹发射管、2具533毫米鱼雷发射管、4具650毫米鱼雷发射管，可发射SS-N-16反潜导弹、SS-N-15反潜导弹、SS-N-20弹道导弹，以及常规鱼雷和"风暴"空泡鱼雷等。"台风"级潜艇在遭受普通鱼雷攻击时，大部分的鱼雷爆炸力会被双壳体的耐压舱和壳体外的水吸收，从而保护艇体。

"台风"级潜艇结构图

"台风"级潜艇侧后方视角

基本参数	
水上排水量：24500吨	潜航排水量：48000吨
全长：171.5米	全宽：25米
吃水深度：17米	潜航速度：25节

「同级艇」

舷号	开工时间	服役时间
TK-208	1977年3月	1981年12月
TK-202	1980年10月	1983年12月
TK-12	1982年4月	1984年12月
TK-13	1984年1月	1985年12月
TK-17	1985年2月	1987年11月
TK-20	1987年1月	1989年9月

"台风"级潜艇在水面航行

俄罗斯"北风之神"级弹道导弹核潜艇

"北风之神"级潜艇（Borei class submarine）是俄罗斯建造的弹道导弹核潜艇，1996年由俄罗斯红宝石设计局开始研制。该级艇计划建造10艘，截至2021年3月已有4艘建成服役。

"北风之神"级潜艇的艇体表面贴敷了厚度超过150毫米的高效消音瓦，主机这类主要噪音源配备了整体浮筏式双层减振基座和隔音罩，并对艇内的机械装置进行降噪设计，以便提高水下安静性能。此外，该级艇还在消除磁性特征、红外特征以及尾流特征等方面采取了一系列独到的措施。

"北风之神"级潜艇的首艇上装有16个导弹发射筒，携带12枚SS-NX-30"圆锤"M洲际导弹，导弹舱设在指挥台围壳之后。后期服役的同级艇完整配备16枚"圆锤"M导弹。常规自卫武器方面，"北风之神"级装备了4~6具533毫米鱼雷发射管，可发射16枚鱼雷和SS-N-15反潜导弹，同时还配备了SA-N-8近程舰空导弹，自身防卫作战能力出色。此外，俄罗斯海军还在考虑装备速度达200节的"暴风"高速鱼雷，这种鱼雷不仅能有效地反潜，而且还能反鱼雷。

基本参数
水上排水量：14720吨
潜航排水量：24000吨
全长：170米
全宽：13.5米
吃水深度：10米
潜航速度：27节

"北风之神"级潜艇侧后方视角

"北风之神"级潜艇在水面航行

"北风之神"级潜艇侧面视角

德国 209 级常规潜艇

209 级潜艇（Type209 submarine）是德国在 20 世纪 70 年代研制的常规动力潜艇，一共建造了 61 艘。由于是一种专门为出口而研制的潜艇型号，因此 209 级潜艇根据进口国的要求，有多种变型艇，包括 1100 型、1200 型、1300 型、1400 型、1500 型等。由于性能先进，大小和造价适中，209 级潜艇已经出口到十余个国家。

209 级潜艇的主要武器是位于艇艏的 8 具 533 毫米鱼雷发射管，可发射包括线导鱼雷在内的各型鱼雷，原来使用 DM-2A1 反舰鱼雷和 DM-1 反潜鱼雷，后来全部换为更先进的 SST-4 和 SUT 反舰/反潜两用鱼雷。除此之外，部分 209 级潜艇还装了"鱼叉"潜射反舰导弹。209 级潜艇可靠性高，操控自动化水平高，使配备的艇员大大减小，只需 31～40 人，比相同吨位的其他常规潜艇减少了三分之一以上。

基本参数	
水上排水量：	1000吨
潜航排水量：	1810吨
全长：	64.4米
全宽：	6.5米
吃水深度：	6.2米
潜航速度：	21.5节

209 级潜艇在水面航行

韩国海军装备的 209 级潜艇

209 级潜艇编队航行

德国 212 级常规潜艇

212 级潜艇（Type 212 submarine）是由德国哈德威造船厂研制的常规动力潜艇，以 209 级潜艇为基础，加装了燃料电池系统，并安装了性能更优的声呐、潜望镜及武器系统等。212 级潜艇于 1992 年完成设计，成为世界上第一种装备 AIP 系统的潜艇。

212 级潜艇的艇艏装有 6 具 533 毫米鱼雷发射管，可使用 DM2A4 重型鱼雷、IDAS 短程导弹等，艇上还备有自动化鱼雷快速装填装置。该级艇通常携带 24 枚水雷、40 枚干扰器/诱饵等。212 级潜艇的电子设备主要包括搜索潜望镜、攻击潜望镜、1007 型导航雷达、卫星导航定位系统、无线电综合导航系统、电罗经、计程仪和测深仪等。其中 1007 型导航雷达主要用于导航和对海搜索，具有频率捷变、自动跟踪、脉冲压缩和动目标显示等功能，作用距离大于 30 千米，探测能力良好。

基本参数
水上排水量：1450 吨
潜航排水量：1800 吨
全长：51 米
全宽：6.4 米
吃水深度：6.5 米
潜航速度：21 节

212 级潜艇侧前方视角

德国海军装备的 212 级潜艇停泊在基尔港中

夜幕下的 212 级潜艇

德国 214 级常规潜艇

214 级潜艇（Type 214 submarine）是德国在 209 级潜艇的基础上研制而来的新型常规潜艇。20 世纪 90 年代末，德国老牌造船厂霍瓦兹船厂保留了 209 级潜艇的设计理念，融合 212 级潜艇的 AIP 技术，设计了一款 212A 级简化版潜艇，也就是 214 级潜艇。

214 级潜艇采用模块化设计建造技术，将武器系统、传感器和潜艇平台紧密结合成为一体，适合完成各种使命任务，基本代表了目前常规动力潜艇的技术发展水平。214 级潜艇通过在总体、动力、设备等方面精心研制，获得了一个安静的作战平台。耐压艇体由 HY80 和 HY100 低磁钢建造，强度高、弹性好，下潜深度大于 400 米，不易被敌方磁探测器发现。艇体进行光顺设计，尽量减少表面开口，开口采用挡板结构以便尽可能地减小海水流动噪音。

基本参数	
水上排水量：	1690吨
潜航排水量：	1980吨
全长：	65米
全宽：	6.3米
吃水深度：	6米
潜航速度：	20节

214 级潜艇侧面视角

葡萄牙海军装备的 214 级潜艇

瑞典"哥特兰"级常规潜艇

"哥特兰"级潜艇（Gotland class submarine）是瑞典建造的世界上第一批装备 AIP 系统的常规动力潜艇，1990 年开始设计，1992 年 10 月开工建造，一共建造了 3 艘。

"哥特兰"级潜艇所携带的武器不仅性能先进而且种类较多，仅鱼雷就有三种，包括 TP2000 型鱼雷、TP613/TP62 型鱼雷以及 TP432/TP451 型鱼雷。TP2000 型鱼雷的推进系统采用了高浓度过氧化氢，其航速高达 50 节，最大航程超过 25 千米，而且具有较大的作战潜深，在攻击时还不留航迹，并具备攻击高性能快速潜艇的能力。TP613/TP62 型鱼雷的航速高达 45 节，最大航程约 20 千米，主要用于攻击敌方水面舰艇。TP432/TP451 型小型鱼雷采用的是电动方式，并有触发和非触发两种引信可用，它是一种具备主动/被动寻的装置的线导鱼雷，主要用于自卫。

基本参数
水上排水量：1494吨
潜航排水量：1599吨
全长：60.4米
全宽：6.2米
吃水深度：5.6米
潜航速度：20节

「同级艇」

艇名	开工时间	服役时间
"哥特兰"	1992 年 10 月 10 日	1996 年
"乌普兰"	1994 年 1 月 14 日	1996 年
"哈兰德"	1994 年 10 月 21 日	1996 年

【战地花絮】

2004 年，瑞典政府接受美国租借"哥特兰"级潜艇的要求，出租"哥特兰"号，期限为 1 年，用于反潜作战演习和训练。之后，双方又将租期延长 1 年，直到 2007 年 7 月，"哥特兰"号才离开美国回到瑞典。

俯瞰"哥特兰"级潜艇

"哥特兰"级潜艇编队航行

日本"苍龙"级常规潜艇

"苍龙"级潜艇（Sōryū class submarine）是日本在二战后建造的吨位最大的潜艇，计划建造12艘，截至2021年3月已经有11艘建成服役。

"苍龙"级潜艇装载的鱼雷和反舰导弹等各种武器装备基本上与"亲潮"级潜艇相同，但是艇上武器装备的管理却采用了新型艇内网络系统。此外，艇上作战情报处理系统的计算机都采用了成熟商用技术。该级艇装备的是6具533毫米鱼雷发射管，与"亲潮"级潜艇上装备的鱼雷发射管完全相同。具体布置方式是，在潜艇艏部分为上下两层水平排列，上层2具，下层4具。鱼雷发射管可发射89型鱼雷、"鱼叉"导弹以及布放水雷等。

基本参数
水上排水量：2900吨
潜航排水量：4200吨
全长：84米
全宽：9.1米
吃水深度：8.5米
潜航速度：20节

【战地花絮】

20世纪末到21世纪初，随着AIP技术在世界范围内蓬勃发展，日本也在"春潮"级的最后一艘"朝潮"号进行了相关试验，在此基础上，日本开发了基于AIP技术的新一代柴油动力攻击型常规潜艇，即"苍龙"级潜艇。

"苍龙"级潜艇在水面航行

"苍龙"级潜艇侧前方视角

"苍龙"级潜艇在港口中休整

以色列"海豚"级潜艇

"海豚"级潜艇（Dolphin class submarine）是以色列海军装备的常规动力潜艇，由德国哈德威造船厂设计建造。该潜艇计划建造6艘，后3艘为装有AIP系统的改良型。首艇"海豚"号在1998年服役，截至2021年3月已有5艘入役。

"海豚"级潜艇是德国209级潜艇和212级潜艇的改良型。与212级潜艇相似，"海豚"级潜艇最大的特色在于它多出了一段可供特种兵进出的舱段，而且还装载潜水推送器以执行输送特种部队的任务，能够胜任侦察和渗透作战。"海豚"级潜艇采用HY-80高强度钢耐压艇体，具有良好的流线形，并配备了先进的声呐设备和安全系统。该级艇装有6座533毫米鱼雷发射管和4座650毫米鱼雷发射管，能够携带14枚DM2A3"海豹"鱼雷，或16枚美制"鱼叉"潜射反舰导弹。外界推测，"海豚"级潜艇还具备发射巡航导弹的能力。

基本参数
水上排水量：1640吨
潜航排水量：1900吨
全长：57米
全宽：6.8米
吃水深度：8.2米
潜航速度：25节

建造中的"海豚"级潜艇

港口中的"海豚"级潜艇

"海豚"级潜艇侧面视角

荷兰"海象"级常规潜艇

"海象"级潜艇（Walrus class submarine）是荷兰于20世纪70年代研制的常规动力潜艇，一共建造了4艘。首艇"海象"号于1979年10月开工建造，1992年3月开始服役。截至2021年3月，"海象"级潜艇仍全部在役。

"海象"级潜艇为鲸形艇艏、回转体尖尾艇型，它的艇艉控制板采用的是X形布置，这样提高了潜艇在水下航行时的机动性和抗沉性，并由计算机控制。该级艇采用的螺旋桨为7叶大侧斜螺旋桨，艇体采用HY100型钢制造而成。"海象"级潜艇在9节的航速下，续航能力高达10000海里，能够持续在海上执行60天任务。

基本参数	
水上排水量：	2350吨
潜航排水量：	2800吨
全长：	67.7米
全宽：	8.4米
吃水深度：	6.6米
潜航速度：	25节

「同级艇」

艇名	开工时间	服役时间
"海象"	1979年10月	1992年3月
"海狮"	1981年9月	1990年4月
"海豚"	1986年9月	1993年1月
"布鲁因维斯"	1988年4月	1994年7月

"海象"级潜艇侧面视角

"海象"级潜艇访问美国诺福克海军基地

"海象"级潜艇停靠在阿姆斯特丹港

澳大利亚"柯林斯"级常规潜艇

"柯林斯"级潜艇(Collins class submarine)是澳大利亚海军最新型的常规动力潜艇,首艇于1995年服役,到1999年时一共建造了6艘。该级艇的设计并非由澳大利亚本国完成,而是由瑞典久考库姆造船公司设计并参与建造的。

"柯林斯"级潜艇的前端配有6具533毫米鱼雷发射管,能够发射Mk 48型线导主/被动寻的鱼雷,这种鱼雷在55节时射程为38千米,40节时射程为50千米,其弹头重达267千克。此外,该级艇还能发射波音公司研制的"鱼叉"反舰导弹,一共能够携带22枚导弹(或鱼雷)以及44枚水雷。

基本参数
水上排水量:3100吨
潜航排水量:3353吨
全长:77.8米
全宽:7.8米
吃水深度:6.8米
潜航速度:20节

【战地花絮】
2005年,"柯林斯"级"迪查纽斯科"号在最大深度潜航时海水涌进引擎室,几乎导致沉船。

"柯林斯"级潜艇正面视角

"柯林斯"级潜艇侧前方视角

即将建造完成的"柯林斯"级潜艇

第6章 由海向陆——两栖舰艇

两栖舰艇是一种用于运载登陆部队、武器装备、物资车辆、直升机等进行登陆作战的舰艇,出现于二战中,并于20世纪50年代以后大力发展起来。与其他舰种相比,两栖舰艇拥有许多独特的优势,在现代海军中运用广泛。本章主要介绍世界各国自二战以来建造的经典两栖舰艇。

美国"蓝岭"级两栖指挥舰

"蓝岭"级两栖指挥舰（Blue Ridge class command ship）是美国于20世纪60年代建造的两栖指挥舰，也是美国自二战以来建造的最大的指挥舰。该级舰一共建造了2艘，首舰于1970年开始服役。截至2021年3月，2艘"蓝岭"级两栖指挥舰仍在服役，分别是美国海军第7舰队和第6舰队的旗舰。

与美国海军老一代的旗舰相比，"蓝岭"级两栖指挥舰基本不具备执行其他任务的能力，完全是一艘专用的舰队指挥舰。该级舰的上层建筑集中配置在中部甲板，与烟囱为一体形成了一个大型舰桥，上层建筑的前部是一个大型四脚桅，后部是一个筒桅，上甲板尾部设有一个直升机起降甲板，可以停放一架中型直升机，但未设机库。

"蓝岭"级两栖指挥舰的旗舰指挥中心是一个大型综合通信及信息处理系统，它与70多台发信机和100多台收信机连接在一起，同三组卫星通信装置相通，可以每秒3000次的速度与外界进行信息交流。接收的全部密码可自动进行翻译，通过舰内自动装置将译出的电文送到指挥人员手中，同时可将这些信息存储在综合情报中心的计算机中。这种信息收发处理能力，在目前世界现役的所有指挥舰中都很少见。

同级舰

舷号	舰名	开工时间	服役时间
LCC-19	"蓝岭"	1967年2月27日	1970年11月14日
LCC-20	"惠特尼山"	1969年1月8日	1971年1月16日

基本参数
- 标准排水量：16500吨
- 满载排水量：18874吨
- 全长：194米
- 全宽：32.9米
- 吃水深度：8.8米
- 最高速度：23节

"蓝岭"级两栖指挥舰侧前方视角

"蓝岭"级两栖指挥舰前方视角

"蓝岭"级两栖指挥舰在日本海域

美国"先锋"级远征快速运输舰

"先锋"级远征快速运输舰（Spearhead class expeditionary fast transport）是美国海军正在建造的新型军舰，主要作用是在全球范围内运输部队、军用车辆、货物和设备。该级舰计划建造5艘，首舰于2012年12月开始服役，截至2021年3月已有12艘入役。"先锋"级远征快速运输舰采用铝合金双体船设计，舰上设有飞行甲板和辅助降落设备，可供直升机全天候起降。该船还装有完善的滚装登陆设备，M1A1"艾布拉姆斯"主战坦克可从联合高速船直接登陆作战。不仅如此，舰上还拥有先进的通信、导航和武器系统，可满足不同的任务需要。

"先锋"级远征快速运输舰能够运送600吨物资以35节的航速航行1200海里，并能在吃水较浅的港口和航道工作，可搭载部队和装备执行军事任务，又能在滨海区执行人道主义任务。美国海军还计划组建以远征快速运输舰与濒海战斗舰为基础的两栖作战群，它们能搭载营/连级规模的作战部队快速抵达热点地区，以应对中小规模冲突的需要。

基本参数
标准排水量：1850吨
满载排水量：2362吨
全长：103米
全宽：28.5米
吃水深度：3.8米
最高速度：43节

高速航行的"先锋"级远征快速运输舰

"先锋"级远征快速运输舰侧前方视角

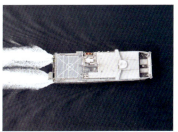

俯瞰"先锋"级远征快速运输舰

"先锋"级远征快速运输舰后方视角

美国"塔拉瓦"级两栖攻击舰

"塔拉瓦"级两栖攻击舰（Tarawa class amphibious assault ship）是美国于20世纪70年代中期开始建造的大型通用两栖攻击舰，一共建造了5艘，首舰"塔拉瓦"号于1971年1月动工，1973年12月下水，1976年5月服役。2015年，"塔拉瓦"级两栖攻击舰全部退役。

"塔拉瓦"级两栖攻击舰采用通长甲板、高干舷，甲板下为机库。甲板整体为方形，舰艏略窄，两座127毫米舰炮位于甲板顶端两侧。舰右侧岛式建筑较长，只有一座，前后设置两个低桅，前桅后和后桅前有两级烟囱。该级舰可作为直升机攻击舰、两栖船坞运输舰、登陆物资运输舰和两栖指挥舰使用，能完成4~5艘登陆运输舰的任务。该级舰武器装备多、威力大，装备有对空导弹、机载空舰导弹和近防武器系统，以及直升机和垂直/短距起降飞机，形成远、中、近距离结合和高、中、低一体的作战体系，具有防空、反舰和对岸火力支援等能力。

「同级舰」

舷号	舰名	服役时间	退役时间
LHA-1	"塔拉瓦"	1976年5月29日	2009年3月31日
LHA-2	"塞班岛"	1977年10月15日	2007年4月20日
LHA-3	"贝劳伍德"	1978年9月23日	2005年10月28日
LHA-4	"拿骚"	1979年7月28日	2011年3月31日
LHA-5	"贝里琉"	1980年5月3日	2015年3月31日

基本参数
标准排水量：30000吨
满载排水量：39967吨
全长：254米
全宽：40.2米
吃水深度：7.9米
最高速度：24节

"塔拉瓦"级两栖攻击舰前方视角

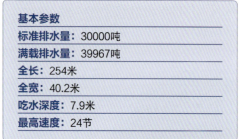
"塔拉瓦"级两栖攻击舰后方视角

"塔拉瓦"级两栖攻击舰在海上航行

美国"黄蜂"级两栖攻击舰

"黄蜂"级两栖攻击舰（Wasp class amphibious assault ship）是美国于 20 世纪 80 年代中期开始建造的多用途两栖攻击舰，一共建造了 8 艘。首舰于 1989 年开始服役，截至 2021 年 3 月仍有 7 艘在役。

在后续的"美利坚"级两栖攻击舰服役前，"黄蜂"级两栖攻击舰是世界两栖舰艇中吨位最大、搭载直升机最多的一级。其机库面积为 1394 平方米，有 3 层甲板高，可存放 28 架 CH-46E 直升机。飞行甲板上还可停放 14 架 CH-46E 或 9 架 CH-53E 直升机。舰艇机库甲板下面是长为 81.4 米的坞舱，可运载 12 艘 LCM6 机械化登陆艇或 3 艘 LCAC 气垫登陆艇。坞舱前面是一个两层车辆舱，可装载坦克、车辆约 200 辆。

基本参数

标准排水量：28233 吨
满载排水量：40500 吨
全长：253.2 米
全宽：31.8 米
吃水深度：8.1 米
最高速度：22 节

【战地花絮】

"黄蜂"级两栖攻击舰是为取代 20 世纪 90 年代退役的"硫磺岛"级两栖攻击舰而发展的，成为美国海军 20 世纪 90 年代和 21 世纪初的一级主要两栖战舰。该级舰的首要任务是支援登陆作战，其次是执行制海任务。

「同级舰」

舷号	舰名	舷号	舰名
LHD-1	"黄蜂"	LHD-5	"巴坦"
LHD-2	"艾塞克斯"	LHD-6	"好人理查德"
LHD-3	"奇尔沙治"	LHD-7	"硫磺岛"
LHD-4	"博克瑟"	LHD-8	"马金岛"

"黄蜂"级两栖攻击舰侧前方视角

"黄蜂"级两栖攻击舰侧后方视角

"黄蜂"级两栖攻击舰高速航行

美国"美利坚"级两栖攻击舰

"美利坚"级两栖攻击舰（America class amphibious assault ship）是美国正在建造的最新一级两栖攻击舰，计划建造11艘，首舰"美利坚"号于2012年10月下水，2014年10月开始服役。

"美利坚"级两栖攻击舰主要作为两栖登陆作战中空中支援武力的投射平台，完全省略了坞舱的设计，节约出来的空间被用来建造两座更宽敞、净空更大、装设有吊车可容纳MV-22"鱼鹰"倾转旋翼机的维修舱。相较于过去的两栖攻击舰，"美利坚"级拥有更大的机库、经重新安排与扩大的航空维修区、大幅扩充的零件与支援设备储存空间，以及更大的油料库。

"美利坚"级两栖攻击舰可搭载一个由12架MV-22"鱼鹰"倾转旋翼机、6架F-35B战斗机、4架CH-53E"超级种马"直升机、7架AH-1"眼镜蛇"武装直升机或UH-1"伊洛魁"通用直升机以及2架MH-60S"海鹰"搜救直升机所组成的混编机队，或单纯只搭载20架F-35B战斗机与2架MH-60S搜救直升机，空中攻击火力最大化的配置。

基本参数	
标准排水量：	34000吨
满载排水量：	45570吨
全长：	257.3米
全宽：	32.3米
吃水深度：	8.7米
最高速度：	20节

「同级舰」

舷号	舰名	开工时间	服役时间
LHA-6	"美利坚"	2009年7月17日	2014年10月11日
LHA-7	"的黎波里"	2014年1月22日	2020年7月15日

"美利坚"级两栖攻击舰侧面视角

第 6 章 由海向陆——两栖舰艇　163

"美利坚"级两栖攻击舰高速航行

美国"惠德贝岛"级船坞登陆舰

"惠德贝岛"级船坞登陆舰(Whidbey Island class dock landing ship)是美国于20世纪80年代建造的船坞登陆舰,一共建造了8艘,首舰"惠德贝岛"号于1981年8月动工,1985年2月服役,其余7艘在1986~1992年间先后服役。截至2021年3月,"惠德贝岛"级船坞登陆舰仍全部在役。

"惠德贝岛"级船坞登陆舰的上层建筑布置在舰中前部,上层建筑后部有宽敞的甲板,舰内有较大的装载空间,总体布置体现了"均衡装载"的设计思想。该级舰可装载登陆部队、坦克、直升机或垂直短距起降飞机,其坞舱较大,可容纳4艘气垫登陆艇或21艘机械化登陆艇。"惠德贝岛"级船坞登陆舰装有1座通用动力公司RAM舰对空导弹发射装置、2座Mk 15"密集阵"近防系统、2门25毫米Mk 38机炮、8挺12.7毫米机枪,自卫火力较强。

「同级舰」

舷号	舰名	舷号	舰名
LSD-41	"惠德贝岛"	LSD-45	"康斯托克"
LSD-42	"日耳曼"	LSD-46	"托尔蒂岛"
LSD-43	"麦克亨利堡"	LSD-47	"拉什莫尔"
LSD-44	"甘斯通霍尔"	LSD-48	"阿什兰"

基本参数
- 标准排水量:11130吨
- 满载排水量:16100吨
- 全长:186米
- 全宽:26米
- 吃水深度:5米
- 最高速度:20节

【战地花絮】
2003年伊拉克战争期间,"惠德贝岛"级船坞登陆舰承担了美军大量的人员和车辆运输任务。由于该型舰的生活保障设施完备,舒适性好,因此许多美国士兵都希望乘坐它前往海湾地区。

"惠德贝岛"级船坞登陆舰侧面视角

"惠德贝岛"级船坞登陆舰前方视角

"惠德贝岛"级船坞登陆舰高速航行

美国"奥斯汀"级船坞登陆舰

"奥斯汀"级船坞登陆舰（Austin class amphibious transport dock）是美国于20世纪60年代建造的两栖船坞登陆舰，一共建造了12艘，首舰于1965年开始服役。截至2021年3月，"奥斯汀"级船坞登陆舰仅剩1艘在印度海军服役（原"特林顿"号被重新命名为"海马"号）。

"奥斯汀"级船坞登陆舰的舰艏高大，前甲板装有天线架结构。大型上层建筑位于舰中前方，形成高干舷。2座"密集阵"近防系统有1座位于主上层建筑前缘，1座位于上层建筑顶部主桅后方。大型三角式主桅位于上层建筑顶部，有两个高大细长的烟囱，右舷烟囱位置较左舷烟囱更靠前，起重吊臂位于烟囱之间。该级舰的自卫武器还有2门25毫米Mk 38机炮，以及8挺12.7毫米机枪。

"奥斯汀"级船坞登陆舰可充当浮动直升机基地以及紧急反应中心。其兵员舱也可用来存储救援物资，而且该空间还可用于存放2000吨的补给品和设备，另有存放85万升航空燃料以及45万升车用燃料的油罐。舰上有7台起重机，其中1台的起吊能力为30吨，另外6台的起吊能力为4吨。升降机从飞行甲板到机库甲板可运载8吨的负重。

基本参数
- 标准排水量：9200吨
- 满载排水量：16914吨
- 全长：173米
- 全宽：32米
- 吃水深度：10米
- 最高速度：21节

【战地花絮】
"奥斯汀"级船坞登陆舰曾参与美国的航空计划，作为回收船全程参加了"阿波罗12"计划，并参加了"阿波罗14"和"阿波罗15"计划的部分回收工作。

"奥斯汀"级船坞登陆舰在海湾内航行

同级舰

舰号	舰名	舰号	舰名
LPD-4	"奥斯汀"	LPD-10	"朱诺"
LPD-5	"奥格登"	LPD-11	"科罗拉多"
LPD-6	"德鲁斯"	LPD-12	"施里夫波特"
LPD-7	"克利夫兰"	LPD-13	"纳什维尔"
LPD-8	"杜比克"	LPD-14	"特林顿"
LPD-9	"丹佛"	LPD-15	"庞塞"

"奥斯汀"级船坞登陆舰右舷视角

"奥斯汀"级船坞登陆舰左舷视角

美国"圣安东尼奥"级船坞登陆舰

"圣安东尼奥"级船坞登陆舰(San Antonio class amphibious transport dock)是美国正在建造的最新一级船坞登陆舰,计划建造26艘。首舰"圣安东尼奥"号于2003年7月下水,2006年1月服役。截至2021年3月,已有11艘建成服役。

"圣安东尼奥"级船坞登陆舰是美国为实施"由海向陆"战略而建造的新型多用途舰,代表着两栖船坞登陆舰技术发展的先进水平。该级舰可搭载美国海军的各种航空器,包括CH-46中型运输直升机、CH-53重型运输直升机或下一代运输主力MV-22倾转旋翼机。该级舰有3个总面积达2360平方米的车辆甲板、3个总容量962立方米的货舱、1个容量1192立方米的JP5航空燃油储存舱、1个容量达37.8立方米的车辆燃油储存舱和1个弹药储存舱,为登陆部队提供充分的后勤支援。舰内设有一个全通式泛水坞穴甲板,由舰艉升降闸门出入,可停放2艘LCAC气垫登陆艇或1艘LCU通用登陆艇,位于舰中、紧邻坞穴的部位可停放14辆新一代先进两栖突击载具。

「同级舰」(部分)

舷号	舰名	舷号	舰名
LPD-17	"圣安东尼奥"	LPD-22	"圣迭哥"
LPD-18	"新奥尔良"	LPD-23	"安克拉治"
LPD-19	"梅萨维德"	LPD-24	"阿林顿"
LPD-20	"格林湾"	LPD-25	"萨默塞特"
LPD-21	"纽约"	LPD-26	"约翰·摩西"

"圣安东尼奥"级船坞登陆舰侧面视角

基本参数
标准排水量:16000吨
满载排水量:24900吨
全长:208米
全宽:32米
吃水深度:7米
最高速度:22节

"圣安东尼奥"级船坞登陆舰高速航行

"圣安东尼奥"级船坞登陆舰前方视角

美国 LCAC 气垫登陆艇

LCAC气垫登陆艇（Landing Craft Air Cushion）是美国于20世纪80年代研制的气垫登陆艇，一共建造了91艘。该艇于1986年开始服役，截至2021年3月仍然大量装备美国海军。此外，日本海上自卫队也少量装备。

LCAC气垫登陆艇的艇体为铝合金结构，不受潮汐、水深、雷区、抗登陆障碍和近岸海底坡度的限制，可在全世界70%以上的海岸线实施登陆作战。在登陆作战时，携带气垫登陆艇的两栖舰船在远离岸边20~30海里时，便可让气垫登陆艇依靠自身的动力将人员和装备送到敌方滩头，从而保证了自身的安全。

经研究表明，LCAC气垫登陆艇稍做改装，即可执行扫雷、反潜和导弹攻击等任务。LCAC气垫登陆艇的动力装置为4台莱康明燃汽涡轮机，2台用于推进，2台用于升力，持续功率12000千瓦。此外，还有2具包覆式可变螺距旋桨推进器，4台双进气升力风扇。

基本参数
标准排水量：87吨
满载排水量：185吨
全长：26.4米
全宽：14.3米
吃水深度：0.9米
最高速度：40节

LCAC气垫登陆艇高速航行

LCAC气垫登陆艇编队航行

LCAC气垫登陆艇前方视角

【战地花絮】

LCAC气垫登陆艇没有装甲防护，发动机和螺旋桨都暴露在外部，在火力密集的高强度条件下作战易损坏。被运载的装备全部露天放置，恶劣天气下不利于保养。

英国"海洋"号两栖攻击舰

"海洋"号两栖攻击舰（Ocean amphibious assault ship）是英国于20世纪90年代建造的两栖攻击舰，仅建造了1艘，即"海洋"号（HMS Ocean L12）。该舰于1994年5月30日开工建造，1995年10月11日下水，1998年9月30日开始服役。

"海洋"号两栖攻击舰的设计衍生自英国"无敌"级航空母舰，为了降低成本，整体防护性能有一定程度的下降，但仍维持英国皇家海军的舰艇抗沉标准。"海洋"号两栖攻击舰没有设置舰艉的坞舱，但设有舷侧LCVP登陆艇。舰内可搭载40辆装甲车以及1300名乘员和舰员。舰上甲板强度可操作CH-47重型运输直升机，并且具备防热焰能力，能让"海鹞"战斗机在必要时降落，并以轻载状态下垂直起飞。自卫武装上，"海洋"号两栖攻击舰和"无敌"级航空母舰相差不多，都设有三座Mk 15"密集阵"近防系统和4座双联装30毫米高平两用炮。

基本参数

标准排水量：	16860吨
满载排水量：	21500吨
全长：	203.4米
全宽：	35米
吃水深度：	6.5米
最高速度：	18节

【战地花絮】

2004年3月1 - 31日，英国陆军操作的WAH-64武装直升机在"海洋"号两栖攻击舰上进行了为期一个月的测试，旨在验证WAH-64在军舰上操作的种种特性与需求，这也是"阿帕奇"系列直升机首次在军舰上的操作记录。

"海洋"号两栖攻击舰在近海航行

"海洋"号两栖攻击舰侧前方视角

"持久自由"行动中"海洋"号两栖攻击舰（中右）与他国军舰编队航行

英国"海神之子"级船坞登陆舰

"海神之子"级船坞登陆舰（Albion class landing platform dock）是英国于20世纪末建造的船坞登陆舰，一共建造了2艘。该级舰的建造合同于1996年7月签发，1998年5月动工建造。

"海神之子"级船坞登陆舰具有坦克登陆舰、武装运输舰、船坞登陆舰、两栖货船等综合功能，其设计思想近乎美国"圣安东尼奥"级的翻版。"海神之子"级船坞登陆舰既能利用登陆艇和直升机登上海岸，也可以通过集成的指挥、控制和通信系统协调两栖作战行动。尽管该级舰载机数量不多，难以进行较强的垂直登陆作战，但携带有多种登陆装备，除登陆车辆外，还有登陆艇，具有较强的舰到岸平面登陆作战能力。尤其是该舰能接近登陆滩头作战，便于第一波登陆部队抢滩登陆，为后续部队建立稳固的滩头阵地。

「同级舰」

舷号	舰名	开工时间	服役时间
L14	"海神之子"	1998年5月23日	2003年6月19日
L15	"堡垒"	2000年1月27日	2004年12月10日

"海神之子"级船坞登陆舰侧前方视角

基本参数
标准排水量：9000吨
满载排水量：18500吨
全长：176米
全宽：28.9米
吃水深度：7.1米
最高速度：18节

俯瞰"海神之子"级船坞登陆舰

"海神之子"级船坞登陆舰后方视角

法国"闪电"级船坞登陆舰

"闪电"级船坞登陆舰（Foudre class landing platform dock）是法国于20世纪80年代末开始建造的船坞登陆舰，一共建造了2艘。首舰于1990年开始服役，2011年售予智利海军。二号舰于1998年服役，2015年售予巴西海军。

基本参数
- 标准排水量：11300吨
- 满载排水量：12000吨
- 全长：168米
- 全宽：23.5米
- 吃水深度：5.2米
- 最高速度：21节

"闪电"级船坞登陆舰侧前方视角

"闪电"级船坞登陆舰拥有容积达到13000立方米的船坞，能被当作一个浮动船坞使用或携带登陆车辆。船坞也能容纳10艘中型登陆艇，或者1艘机械化登陆艇和4艘中型登陆艇。可移动甲板用于提供车辆停车位或舰载直升机降落操作。"闪电"级船坞登陆舰还安装了一个船货升降机，升力高达52吨。另有一台12米起重机，额定吊运能力37吨。

「同级舰」

舷号	舰名	开工时间	服役时间
L9011	"闪电"	1986年3月	1990年12月
L9012	"热风"	1994年10月	1998年12月

"闪电"级船坞登陆舰侧面视角

法国"西北风"级两栖攻击舰

"西北风"级两栖攻击舰（Mistral class amphibious assault ship）是法国于20世纪末研制的两栖攻击舰。2011年，俄罗斯计划购买4艘"西北风"级，但最终因乌克兰危机而作罢。截至2021年3月已有3艘在法国海军中服役。此外，埃及海军也购买了2艘"西北风"级，均于2016年开始服役。

基本参数
标准排水量：16500吨
满载排水量：21300吨
全长：199米
全宽：32米
吃水深度：6.3米
最高速度：18.8节

港湾内的"西北风"级两栖攻击舰

"西北风"级两栖攻击舰可运载16架以上NH90直升机或"虎"式武装直升机，以及70辆以上车辆，其中包含13辆主战坦克的运载维修空间。该级舰还设有900名陆战队队员的运载空间（长程航行至少可以居住450名），并有一个拥有69个床位的舰上医院。该级舰的飞行甲板面积为5200平方米，设有6个直升机停机点。

「同级舰」（法国）

舷号	舰名	开工时间	服役时间
L9013	"西北风"	2003年7月10日	2005年12月18日
L9014	"雷电"	2003年8月26日	2007年4月1日
L9015	"迪克斯穆德"	2009年4月18日	2012年3月12日

"西北风"级两栖攻击舰前方视角

苏联/俄罗斯"蟾蜍"级坦克登陆舰

"蟾蜍"级坦克登陆舰（Ropucha class landing ship）是苏联于 20 世纪 60 年代研制的坦克登陆舰，有Ⅰ型和Ⅱ型两种型号，主要区别在于舰载武器。Ⅰ型舰一共建造 25 艘，均在波兰格但斯克船厂建成，建造时间为 1974～1988 年。Ⅱ型舰共建 3 艘，首舰于 1987 年动工，第三艘于 1992 年建成。截至 2021 年 3 月，仍有 15 艘"蟾蜍"级坦克登陆舰在役。

"蟾蜍"级坦克登陆舰采用平甲板船型，上层建筑布置在舰中后方，它前面的上甲板为装载甲板，上面开有一个装货舱口。上甲板前端呈方形，艉部有尾跳板。目前，该级舰有两种装载方式（10 辆主战坦克加 190 名登陆士兵，或 24 辆装甲战斗车加 170 名士兵），可根据需要任选一种装载，灵活性较强。

基本参数
标准排水量：2200 吨
满载排水量：4080 吨
全长：112.5 米
全宽：15 米
吃水深度：3.7 米
最高速度：18 节

"蟾蜍"级坦克登陆舰侧面视角

"蟾蜍"级坦克登陆舰侧后方视角

苏联/俄罗斯"野牛"级气垫登陆艇

"野牛"级气垫登陆艇（Zubr class LCAC）是苏联于 20 世纪 80 年代研制的气垫登陆艇，也是目前世界上最大的气垫登陆艇。该级艇可用于两栖作战时的登陆运输任务，可为岸边的部队提供火力支持，同时还可运送和布置水雷。

"野牛"级气垫登陆艇有 400 平方米的面积用于装载，自带燃料 56 吨。该级艇可运载 3 辆主战坦克，或 10 辆步兵战车加上 140 名士兵，若单独运送武装士兵则可达到 500 人。该级艇可在浪高 2 米、风速 12 米/秒的海况下行驶。"野牛"级气垫登陆艇配备的火力大大高于其他气垫登陆艇，装备有"箭"-3M 或"箭"-2M 防空导弹系统，2 门 30 毫米 AK-630 火炮，2 套 22 管 MC-227 型 140 毫米非制导弹药发射装置，以及 20～80 枚鱼雷。

基本参数
标准排水量：340 吨
满载排水量：555 吨
全长：57.3 米
全宽：25.6 米
吃水深度：1.6 米
最高速度：63 节

港口中的"野牛"级气垫登陆艇

"野牛"级气垫登陆艇高速航行

"野牛"级气垫登陆艇靠岸

意大利"圣·乔治奥"级船坞登陆舰

"圣·乔治奥"级船坞登陆舰（San Giorgio class amphibious transport dock）是意大利于20世纪80年代研制的，一共建成4艘（意大利海军装备3艘，阿尔及利亚海军装备，艘改进型）。首舰于1985年5月动工建造，1987年2月下水，1987年10月服役。截至2016年12月，"圣·乔治奥"级船坞登陆舰全部在役。

"圣·乔治奥"级船坞登陆舰可容纳400名作战人员或36辆轮式装甲运兵车或30辆中型坦克。在舰艉还有飞行甲板，可供3架SH-3D"海王"直升机或AW101"隼"式直升机或5架AB 212直升机起降。舰艉舱门可供两辆LCM登陆艇同时进出。"圣·乔治奥"号和"圣·马可"号在舱门舷台处可装载两辆LCVP登陆艇，稍大一些的"圣·吉斯托"号在吊舱柱处可装载3辆LCVP登陆艇。每艘船坞登陆舰均有符合北约标准的医疗设施。

「同级舰」（意大利海军）

舰号	舰名	开工时间	服役时间
L9892	"圣·乔治奥"	1985年5月26日	1987年10月9日
L9893	"圣·马可"	1985年3月26日	1989年5月6日
L9894	"圣·吉斯托"	1991年8月19日	1994年4月14日

基本参数
标准排水量：6687吨	满载排水量：7665吨
全长：133米	全宽：20.5米
吃水深度：5.3米	最高速度：21节

"圣·乔治奥"级船坞登陆舰高速航行

西班牙"胡安·卡洛斯一世"号两栖攻击舰

"胡安·卡洛斯一世"号（Juan Carlos Ⅰ L61）是西班牙自主设计建造的多用途战舰，兼具两栖攻击舰和航空母舰的功能，西班牙将其称为"战略投送舰"（strategic projection vessel）。该舰是西班牙海军历史上最大的军舰，2010年9月30日开始服役。

"胡安·卡洛斯一世"号的部分结构与"阿斯图里亚斯亲王"号航空母舰相似：全通式飞行甲板，舯端设置倾角为12度的"滑跃"式甲板；飞行甲板上设有2部升降机，其中1部在舰岛前方，另1部位于飞行甲板末端中部。此外，该舰的飞行甲板还在设计中专门予以强化，使其能够承受垂直/短距起降战斗机较大的重量以及起降时发动机尾喷管喷射的强大热气流对甲板的冲击。

"胡安·卡洛斯一世"号由上而下分为4层：大型全通飞行甲板层、轻型车库和机库层、船坞和重型车库层、居住层（包括舰员住舱和医院）。该舰的船坞长69.3米，宽16.8米，面积约1163平方米，能容纳4艘LCM-1E型高速机械登陆艇或6艘LCM-8型机械登陆艇，另外还搭载有"超级猫"硬壳充气艇。该舰的隐身性能颇为出色，全舰上层建筑各壁面都采用内倾设计，采用封闭式桅杆，尽量减少外露物以及采用红外抑制手段等减小雷达和红外信号特征。

基本参数	
标准排水量：	20000吨
满载排水量：	24660吨
全长：	230.8米
全宽：	32米
吃水深度：	7.1米
最高速度：	21节

【战地花絮】

由于西班牙海军现役的AV-8B攻击机的机龄已经偏高，西班牙未来将购买美国的F-35战斗机取而代之，所以"胡安·卡洛斯一世"号的甲板起降设施的规格与强度，是配合F-35B而设计。

"胡安·卡洛斯一世"号结构图

"胡安·卡洛斯一世"号在地中海执行任务

航行中的"胡安·卡洛斯一世"号

荷兰/西班牙"鹿特丹"级船坞登陆舰

"鹿特丹"级船坞登陆舰（Rotterdam class amphibious transport dock）是荷兰和西班牙于20世纪90年代联合研制的船坞登陆舰，一共建造了2艘，均由荷兰皇家谢尔德公司造船厂负责建造。首舰"鹿特丹"号于1997年下水，1998年进入荷兰海军服役。

"鹿特丹"级船坞登陆舰能够在6级海况下执行直升机行动任务，在4级海况下进行登陆艇行动任务。飞行甲板长58米，宽25米，可供两架EH101这样的大型直升机起降。在执行两栖作战任务时，"鹿特丹"级船坞登陆舰可对海军陆战队士兵、联合作战和后勤支援所需的车辆和装备进行装运，并辅助其登陆。"鹿特丹"级船坞登陆舰可以运输170辆装甲运兵车或33辆主战坦克，同时还可以搭载最多6艘登陆艇。

基本参数
- 标准排水量：10000吨
- 满载排水量：16800吨
- 全长：176.4米
- 全宽：25米
- 吃水深度：5.8米
- 最高速度：19节

「同级舰」

舷号	舰名	开工时间	服役时间
L800	"鹿特丹"	1996年1月	1998年4月
L801	"约翰·德维特"	2003年6月	2007年11月

港口中的"鹿特丹"级船坞登陆舰

"鹿特丹"级船坞登陆舰后方视角

"鹿特丹"级船坞登陆舰侧前方视角

希腊"杰森"级坦克登陆舰

"杰森"级坦克登陆舰(Jason class tank landing ship)是希腊于20世纪90年代研制的坦克登陆舰,一共建造了5艘,1994年开始进入希腊海军服役。截至2021年3月,"杰森"级坦克登陆舰全部在役。

"杰森"级坦克登陆舰的武器装备包括1门76毫米奥托·梅腊拉紧凑型舰炮,2座双联装40毫米布雷达紧凑型舰炮,2座双联装莱茵金属20毫米机炮。此外,该级舰还设有可容纳1架中型直升机的起降平台。"杰森"级坦克登陆舰的电子设备有汤姆森-CSF"海神"对海搜索雷达、凯尔文·休斯1007型导航雷达等。

基本参数
标准排水量:3600吨
满载排水量:4470吨
全长:116米
全宽:15.3米
吃水深度:3.4米
最高速度:16节

「同级舰」

舷号	舰名	服役时间
L173	"奇奥斯"	1996年
L174	"萨摩斯"	1994年
L175	"伊卡里亚"	1999年
L176	"莱斯波斯"	1999年
L177	"罗多斯"	2000年

"杰森"级坦克登陆舰编队作战

新加坡"坚韧"级船坞登陆舰

"坚韧"级船坞登陆舰（Endurance class landing platform dock）是新加坡于20世纪90年代后期研制的船坞登陆舰，新加坡海军装备了4艘，首舰"坚韧"号于1998年3月下水，2000年3月开始服役。此外，泰国海军也购买了1艘"坚韧"级船坞登陆舰。

"坚韧"级船坞登陆舰装有2座双联装"西北风"防空导弹发射装置，1门76毫米奥托·梅腊拉舰炮，5挺12.7毫米机枪。该级舰可供2架"超级美洲狮"直升机起降。在执行作战任务时，"坚韧"级船坞登陆舰的装载量为350名士兵、18辆坦克装甲车辆、20辆军用车辆、4艘登陆艇。

基本参数
标准排水量：6500吨
满载排水量：8500吨
全长：141米
全宽：21米
吃水深度：5米
最高速度：15节

【战地花絮】

2004年印度尼西亚海啸期间，"坚韧"级船坞登陆舰曾对印度尼西亚的亚齐省实施了人道主义援助行动。

「同级舰」（新加坡海岸）

舷号	舰名	服役时间
L207	"坚韧"	2000年3月18日
L208	"坚决"	2000年3月18日
L209	"坚持"	2001年4月7日
L210	"竭力"	2001年4月7日

"坚韧"级船坞登陆舰侧前方视角

"坚韧"级船坞登陆舰（下）与舰美军航空母舰（上）

日本"大隅"级两栖运输舰

"大隅"级两栖运输舰（Ōsumi class tank landing ship）是日本于20世纪90年代末建造的两栖运输舰，一共建造了3艘。首舰"大隅"号于1996年11月下水，1998年3月服役。

日本海上自卫队将"大隅"级归类为运输舰，但是它并不具有向前开的战车进出大门，也不能直接登陆沙滩，功能上接近两栖突击舰。该级舰是日本海上自卫队作战舰艇中外部尺寸最大、标准排水量最高的舰艇之一，主要用于搭载中型直升机、LCAC气垫登陆艇，运送坦克、装甲车辆、人员和作战物资进行登陆作战。该级舰的使用突破了日本海上自卫队以往登陆舰单一的抢滩登陆模式，实现了既可凭借气垫登陆艇抢滩登陆，又可借助舰载直升机实施垂直登陆。

"大隅"级两栖运输舰的全通甲板长120米，宽23米，总面积达3604平方米，最多可并排停放6架直升机，不过只在舰艉规划了两个直升机起降点，因此只能同时供2架CH-47运输直升机或CH-53运输直升机进行作业。该级舰内设有一个坞舱，长60米、宽15米，可容纳2艘LCAC气垫登陆艇。

同级舰

舷号	舰名	开工时间	服役时间
LST-4001	"大隅"	1995年12月6日	1998年3月11日
LST-4002	"下北"	1999年11月30日	2002年3月12日
LST-4003	"国东"	2000年9月7日	2003年2月26日

基本参数
标准排水量：8900吨
满载排水量：14000吨
全长：178米
全宽：25.8米
吃水深度：6米
最高速度：22节

"大隅"级两栖运输舰

"大隅"级两栖运输舰侧前方视角

"大隅"级两栖运输舰（近）与美国海军医疗船（远）

韩国"独岛"级两栖攻击舰

"独岛"级两栖攻击舰(Dokdo class amphibious assault ship)是韩国于21世纪初开始建造的两栖攻击舰,原计划建造3艘,后改为2艘。一号舰"独岛"号由位于韩国釜山的韩进重工业公司承建,2002年10月开始建造,2005年7月下水,2007年7月服役,目前是韩国海军的旗舰。截至2021年3月,二号舰"马罗岛"号仍未正式开工建造。

"独岛"级两栖攻击舰有一个与舰身等长的飞行甲板,右舷边上建有一座堡垒式梯形结构的舰岛,建筑外壁呈向内倾斜8度。舰上暴露的各个部位大多由倾斜的多面体组成,在脆弱部位加装装甲钢板以强化防护能力。"独岛"级两栖攻击舰使用钢制舰体,舰艏部分略带舷弧,具有良好的压浪性能,减少了舰体的摇摆幅度。"独岛"级两栖攻击舰的雷达由于设计不良,造成其甲板会反射雷达信号进而产生假性目标的缺点。

"独岛"级两栖攻击舰侧前方视角

"独岛"级两栖攻击舰装有两种防空自卫装备:第一种是荷兰"守门员"近防系统,舰艏和舰岛末端各有一座;第二种是1具美制21联装Mk 49"公羊"短程防空导弹发射器,位于舰岛顶端。"独岛"级两栖攻击舰使用高速性能较佳的复合燃汽涡轮与燃汽涡轮(COGAG)系统,使用4具美国通用电气公司授权三星集团生产的LM-2500燃汽涡轮机。

基本参数
标准排水量:	14300吨
满载排水量:	18000吨
全长:	199米
全宽:	31米
吃水深度:	7米
最高速度:	23节

"独岛"级两栖攻击舰及其舰载直升机

"独岛"级两栖攻击舰侧面视角

第7章 战舰之拳——舰载武器

舰载武器是海军作战舰艇的火力来源,也是海军作战能力的重要组成部分。现代海军使用的舰载武器包括舰炮、近程防御武器系统、鱼雷、舰对空导弹、反舰导弹、反潜导弹、潜射弹道导弹、反弹道导弹等。

美国 Mk 45 型 127 毫米舰炮

Mk 45 型 127 毫米舰炮是美国联合防务公司研制的现代化轻量舰炮系统,由 127 毫米 L54 Mk 19 火炮与 Mk 45 炮座组成。Mk 45 型舰炮分为甲板以上的上部结构和甲板以下的下部结构:上部结构包括炮管、滑板构件、炮架、炮台、上部蓄压系统、炮塔及射击孔护板等;下部结构包括上扬弹机、下扬弹机、弹鼓、引信测合机及下部蓄压系统等部分组成。其中,炮台由铝制材料铸成,是整个上部结构的底座。

Mk 45 型舰炮能发射半主动激光制导弹来提高命中概率,并具有全天候自动选择 6 类炮弹的能力,提高对付不同目标的应变速度。舰炮能够发射 7 种不同炮弹,包括薄壁爆破榴弹(HC)、黄磷烟幕弹(WP)、照明弹(SS)、照明弹 2(SS2)、高杀伤破片榴弹(HF)、半主动激光制导炮弹(SALGP)、红外制导炮弹(IRGP),而引信和火药也有多种选择。在执行任务时,Mk 45 型舰炮可将炮弹、引信和装药配成各种组合。

Mk 45 型舰炮侧面视角

基本参数	
全长:	10 米
炮管长:	7.87 米
总重:	28924 千克
炮口初速:	762 米/秒
发射速率:	20 发/分
有效射程:	24 千米

Mk 45 型舰炮正在开火

"阿利·伯克"级驱逐舰安装的 Mk 45 型舰炮

美国"密集阵"近程防御武器系统

"密集阵"(Phalanx)系统是一种以反制导弹为目的而开发的近程防御武器系统,广泛运用在美国海军各级水面作战舰艇上。最初的Mk 15 Block 0型使用6管M61A1旋转机炮,配备20毫米Mk 149脱壳穿甲弹,最新的Mk 15 Block 1B型换装了Mk 244脱壳穿甲弹。"密集阵"系统的遥控操作台设置于舰桥内,每个遥控操作台最多可控制4座"密集阵"系统,可进行目标分配与监控等工作。另外,每座"密集阵"系统都有一个各自独立的本机控制台,一般设置于"密集阵"系统附近的抗振舱室内。

"密集阵"系统的作用原理是在开火的短时间内倾泻出大量弹药,在雷达计算出的导弹可能经过的路径上形成极为密集的弹幕,以达到拦截击落的目的。"密集阵"系统在设计上可进行全自动防御,即给定目标的资料后,就可以完全依靠内置的雷达搜索、追踪、目标威胁评估、锁定、开火。这种设计的优点是安装容易,搭载平台只需提供电力,不需与船舰上的作战侦测系统进行整合也能运作,安装的甲板位置也只要确保足够的结构强度,而不必在甲板上挖洞。

基本参数	
全长:	4.7米
炮管长:	2米
总重:	6200千克
炮口初速:	1100米/秒
发射速率:	4500发/分
有效射程:	35千米

"密集阵"系统正面视角

"密集阵"系统正在开火

"密集阵"系统侧面视角

美军士兵正在为"密集阵"系统填装弹药

美国 RIM-7"海麻雀"舰对空导弹

RIM-7"海麻雀"(Sea Sparrow)导弹是美国海军研制的短程舰对空导弹,从1976年服役至今。"海麻雀"导弹呈细长圆柱形,头部为锥形,尾部为收缩截锥形。导弹采用全动翼式气动布局,两对弹翼配置在弹中部,起到舵和副翼双重作用,产生升力和控制力。两对固定尾翼用来控制稳定性,翼和尾翼均呈X形布置。基本型沿用AIM-7E空对空导弹的结构,但尾翼翼尖切去了一点,弹翼改为折叠式。

早期的"海麻雀"导弹由于需要手工操纵火控系统,因此反应时间较长,低空性能差,不能对付反舰导弹。随着美国海军不断对其进行改进,"海麻雀"导弹逐渐成为美国海军的全天候、近程、低空、点防御舰对空导弹,可用于对付低空飞机、反舰导弹及巡航导弹等。

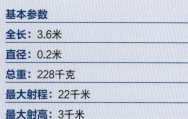

基本参数

全长:3.6米

直径:0.2米

总重:228千克

最大射程:22千米

最大射高:3千米

最大速度:2.5马赫

"海麻雀"导弹发射瞬间

美国海军"林肯"号航空母舰发射"海麻雀"导弹

美国海军"杜鲁门"号航空母舰上的勤务兵正在运送"海麻雀"导弹

美国 RIM-8 "黄铜骑士"舰对空导弹

RIM-8 "黄铜骑士"（Talos）导弹是美国海军第一种远程舰对空导弹，同时也是第一种可以同时对空与对舰射击的导弹，在1959～1979年间服役。"黄铜骑士"导弹的体积相当庞大，弹体长达11.6米。为了收藏于甲板下方，导弹在储存阶段以水平方式方置，加上导引与控制的雷达与电子系统，使得能够安装"黄铜骑士"导弹的舰艇较为有限，服役的数量远不如其他两种当时一起服役的舰对空导弹。

"黄铜骑士"导弹的弹体为圆柱体，由两级串联而成，第一级为一个固体助推器，其尾部装有稳定尾翼，第二级采用一台冲压喷气发动机，发动机长0.71米，采用煤油和一种挥发油混合而成的液体燃料。该导弹采用旋转弹翼式气动布局，控制舵面在弹体中部，在弹体后部为尾翼，它们均按"X"状布置，并处在同一个平面内。

基本参数
全长：11.6米
直径：0.7米
总重：3538千克
最大射程：185千米
最大射高：24.4千米
最大速度：2.5马赫

【战地花絮】
"黄铜骑士"导弹、"鞑靼人"导弹和"小猎犬"导弹一起组成了美国第一代面防御舰对空导弹系统，由于三种导弹英文名称第一个字母都是"T"，所以许多国家称它们为"3T"舰对空导弹系统。

"黄铜骑士"导弹侧面视角

博物馆中的"黄铜骑士"导弹

"黄铜骑士"导弹前方视角

美国 RIM-24 "鞑靼人" 舰对空导弹

RIM-24 "鞑靼人"（Tartar）导弹是美国海军舰艇装备的中程舰对空导弹，1962 年开始服役。"鞑靼人"导弹各个型号之间在数量和尺寸上有所差异。最初使用 Mk 11 双臂式发射器，以后均使用 Mk 13 和 Mk 22 单臂式发射器。"鞑靼人"导弹使用固体火箭推进器，以及半主动雷达导引头，战斗部为破片杀伤型。

除了对空防御的功能外，"鞑靼人"导弹还具备对水面目标的攻击能力。在 1962 年已经可以对付 13 千米～18 千米范围内水面目标。西方国家当时并没有一款专用的反舰导弹（北约的反舰导弹从 1967 年才开始发展），因此"鞑靼人"成为当时最有效的反舰力量。

基本参数
全长：4.6 米
直径：0.34 米
总重：581 千克
最大射程：16 千米
最大射高：15.2 千米
最大速度：1.8 马赫

"鞑靼人"导弹及其发射装置

澳大利亚"达尔文"号护卫舰发射"鞑靼人"导弹

"鞑靼人"导弹（前方）侧面视角

美国 RIM-66"标准"Ⅰ/Ⅱ型舰对空导弹

RIM-66"标准"（Standard）导弹是美国研发的中程舰对空导弹，1967年开始服役。它有多种型号，A、B、E型被称为"标准"Ⅰ型，C、D、G、H、J、K、L、M型被称为"标准"Ⅱ型。RIM-66导弹采用尖卵形弹头，圆柱形弹体。该导弹采用两组控制面，形状特征较明显，第一组位于弹体底端，翼面前缘后掠，翼尖有切角，翼尖外缘前高后低。第二组位于弹体后部，采用大弦长弹翼，翼展由前向后尺寸不一，前小后大。

RIM-66导弹采用模块化设计，通用性能好，适用的发射系统多。该导弹体积小，重量轻，成本低，可连续、快速发射。RIM-66导弹的用途比较广泛，可防空拦截、反舰，还可改装反辐射型。RIM-66A/B是半主动雷达导引导弹，RIM-66C开始使用惯性导引，可在中途以指令更正航向。RIM-66M具有双重半主动雷达导引和红外线导引，用于超视距目标或有低雷达截面的目标。

基本参数	
全长：	4.7米
直径：	0.34米
总重：	707千克
最大射程：	170千米
最大射高：	24.4千米
最大速度：	3.5马赫

"阿利·伯克"级驱逐舰发射RIM-66导弹

RIM-66导弹及其发射装置

博物馆中的RIM-66导弹

RIM-66导弹发射时的巨大后焰

美国 RIM-116"拉姆"舰对空导弹

RIM-116"拉姆"（RAM）导弹是美国研制的短程舰对空导弹，RAM 是 Rolling Airframe Missile 的缩写，意为"滚体导弹"，因为导弹在飞行时弹体会不断滚转。为了简化弹体的飞行控制以及被动雷达制导天线的需要，"拉姆"导弹在发射的时候弹体会开始旋转。一般非旋转的导弹在俯仰与偏航两个轴上都需要有控制面，而"拉姆"导弹借由弹体的自旋，只需要一套控制面来担任两个轴向上的控制，因此在接近弹鼻端只有两具可动的控制面。此外，雷达接收天线也因此能够简化为两具。

"拉姆"导弹的动力装置为一台 ML36-8 单级固体火箭发动机，机动过载大于 20G。

该导弹平时安放在发射容器中，容器安装在发射系统的发射架上，发射容器为密封包装，可避免湿度、温度与电磁脉冲对导弹的影响，容器内有 4 条来复线式小导轨，使导弹在发射时产生初始滚动。"拉姆"导弹有自动、半自动、手动三种发射方式，可单射，也可分批齐射。

基本参数	
全长	2.8米
直径	0.13米
翼展	0.43米
总重	73.5千克
最大射程	9千米
最大速度	2马赫

【战地花絮】

由于"RAM"正好是英文中"公羊"之意，该导弹又常被译为"公羊"导弹。

"拉姆"导弹发射瞬间

"拉姆"导弹及其发射装置

美国海军勤务兵正在填装"拉姆"导弹

美国 RIM-162 改进型"海麻雀"舰对空导弹

RIM-162 改进型"海麻雀"导弹（Evolved Sea Sparrow Missile，简称 ESSM）是 RIM-7"海麻雀"导弹的衍生型，设计用于对付超音速反舰导弹。RIM-162 导弹是一种正常式布局的导弹，采用了类似"标准"导弹的小展弦比弹翼加控制尾翼的布局方式，代替了原来的旋转弹翼方式。RIM-162 导弹还采用了全新的单级大直径高能固体火箭发动机、新型的自动驾驶仪和顿感高爆炸药预制破片战斗部，有效射程与 RIM-7P 导弹相比显著增强，这使 RIM-162 的射程到达了中程舰对空导弹的标准。

RIM-162 导弹采用推力矢量系统，可以使导弹的最大机动过载达到 50G，而且不会随射程的增加而大幅减小。RIM-162 导弹采用了大量现代导弹控制技术，惯性制导和中段制导，X 波段和 S 波段数据链，末端采用主动雷达制导。这种特殊的复合制导方式可以使舰艇面对最为严重的威胁。

基本参数	
全长：3.66米	
直径：0.25米	
翼展：0.64米	
总重：280千克	
最大射程：50千米	
最大速度：4马赫	

飞行中的 RIM-162 导弹

美国海军勤务兵正在填装 RIM-162 导弹

美国"布什"号航空母舰发射 RIM-162 导弹

美国 RIM-174 "标准" Ⅵ型舰对空导弹

RIM-174"标准"Ⅵ型（Standard Ⅵ）导弹是美国海军最新型的远程舰对空导弹，2013年开始服役。该导弹设计用于防御固定翼和直升机、无人机及巡航导弹，为海军舰艇提供更大范围的保护。"标准"Ⅵ型导弹以基于AIM-120空对空导弹技术的主动雷达寻的头取代了"标准"系列沿用多年的半主动雷达制导系统，从而彻底摆脱了对发射舰目标照射雷达的依赖。

"标准"Ⅵ型导弹比AIM-120空对空导弹的尺寸大得多，雷达天线导流罩的直径从后者的178毫米增大到了343毫米，得以使用孔径倍增的全新天线，灵敏度和角度分辨率大幅提高。"标准"Ⅵ型导弹采用主动和半主动制导模式，以及先进的引信技术，结合了雷神公司先进中程空对空导弹的先进信号处理和制导控制能力。"标准"Ⅵ型的可维护性比早期的"标准"导弹有很大的提高，具有自检能力，不需要技术人员专门将导弹从舰上拆卸下来运回岸上的检修设施。

基本参数	
全长：	6.55米
直径：	0.53米
翼展：	1.57米
总重：	1500千克
最大射程：	240千米
最大速度：	3.5马赫

美国"阿利·伯克"级驱逐舰发射"标准"Ⅳ型导弹

"标准"Ⅳ型导弹发射升空

"标准"Ⅳ型导弹想象图

美国 RGM-84 "鱼叉" 反舰导弹

RGM-84 "鱼叉"（Harpoon）导弹是美国麦克唐纳·道格拉斯公司研制的反舰导弹，1977年开始服役。"鱼叉"导弹的弹体拥有两组十字形翼面，位于弹体中部是四片大面积梯形翼，弹尾则设有四面较小的全动式控制面，两组弹翼前后完全平行，而且均为折叠式，折叠幅度为弹翼的一半。舰射型、潜射型的火箭助推器上也有一组十字形稳定翼。为了减轻重量，"鱼叉"导弹大部分采用铝合金制造，整枚导弹由前到后依次为导引段、战斗部、推进段与尾舱。

"鱼叉"导弹的导引方式、尺寸重量的等级与同时期的法制"飞鱼"反舰导弹类似，但是采用涡轮发动机推进使得射程较后者大幅增加（"飞鱼"导弹使用固态火箭作为动力）。"鱼叉"导弹发射前，需由探测系统提供目标数据，然后输入导弹的计算机内。导弹发射后，迅速下降至60米左右的巡航高度，以0.85马赫的速度飞行。

基本参数
全长：4.6米
直径：0.34米
翼展：0.91米
总重：628千克
最大射程：315千米
最大速度：0.85马赫

"鱼叉"导弹发射瞬间

美国"提康德罗加"级巡洋舰发射"鱼叉"导弹

"鱼叉"导弹及其发射装置

美国 AGM-119 "企鹅" 反舰导弹

"企鹅"（Penguin）导弹是挪威康斯伯格防御与空间公司研制的轻型多平台反舰导弹，1972年开始服役，1994年被美国海军采用并赋予AGM-119的编号。除挪威和美国外，西班牙、澳大利亚、瑞典、希腊、韩国和土耳其等国也有采用。相较于"鱼叉"导弹，"企鹅"导弹重量轻，价格便宜。"企鹅"导弹可以单发或多发齐射以攻击较大的舰船，它可以锁定以S形移动的目标并且准确命中吃水线。在西方现役的导弹中，"企鹅"导弹是少数兼具终端锁定和移动命中两种性能的导弹。

"企鹅"反舰导弹各个型号采用相同的鸭式气动外形布局和相似的弹体结构，4片箭羽式控制舵面和稳定弹翼分别位于弹体前部和后部，前舵和弹翼均呈X形配置，处于同一水平面上。圆柱形弹体头部呈卵形，尾部呈半球形，弹体内部采用模块化舱段结构，从前到后分为3个舱段：导引头舱、战斗部舱和发动机舱。

基本参数
全长：3.2米
直径：0.28米
翼展：1米
总重：370千克
最大射程：55千米
最大速度：0.9马赫

挪威导弹艇发射"企鹅"导弹

美国海军SH-60直升机发射"企鹅"导弹

展览中的"企鹅"导弹

美国 RUR-5"阿斯洛克"反潜导弹

RUR-5"阿斯洛克"（ASROC）导弹是一种全天候、全海况反潜导弹系统，1961年开始服役。该导弹可以全天候发射，普遍装备在美国及其盟国的巡洋舰、驱逐舰和护卫舰上。其战斗部通常是 Mk 50 型鱼雷或 Mk 46 型鱼雷，也可携带梯恩梯当量约为千吨级的 Mk 17 型核深水炸弹。

"阿斯洛克"导弹由鱼雷（或深水炸弹）、降落伞、点火分离组件、弹体、固体发动机等组成，其射程由定时器控制，定时器在发射前进行设定，发射后按照定时器上所设定的时间，火箭助推器与鱼雷分离，鱼雷进入空中惯性飞行阶段。在到达预定点之前，鱼雷上的降落伞自动展开，减缓鱼雷的入水速度。降落伞在鱼雷入水冲击的作用下解脱，与鱼雷分离，鱼雷入水后，自控系统操纵鱼雷进入预定深度，开始以各种轨迹对敌方潜艇进行搜索。当制导系统发现目标后，鱼雷就进行跟踪、追击，直至命中。

基本参数
全长：4.5米
直径：0.42米
翼展：0.68米
总重：488千克
最大射程：22千米
最大速度：0.8马赫

"阿斯洛克"导弹发射装置

美国"莱希"级巡洋舰发射"阿斯洛克"导弹

"阿斯洛克"导弹发射瞬间

美国 UGM-27 "北极星"潜射弹道导弹

UGM-27 "北极星"（Polaris）导弹是美国在冷战期间建造的一种两段式固态燃料潜射弹道导弹，在 1961～1996 年间服役。"北极星"导弹的弹体长度超过 9 米，直径 1.37 米，射程约 4625 千米，最大时速 12550 千米，采用惯性制导方式，配有多个分导式弹头。如"北极星"A3 型的弹头采用 3 个集束式多弹头，每个子弹重 160 千克，核当量为 20 万吨。核潜艇水下 30 米垂直发射，利用燃气－蒸汽或压缩空气将导弹从发射筒中弹出水面，第一级发动机在离水面 25 米处点燃。

"北极星"导弹主要用于替换 RGM-6 "狮子座"巡航导弹作为美国海军新一代的舰队弹道导弹。它既可供水面舰船使用，也可由潜艇从水下发射。水下发射时，先利用压缩惰性气体将发射管中的导弹弹出水面，然后火箭发动机点火。特制的潜艇可在 15 分钟内将定额装备的 16 枚"北极星"导弹全部发射出去。

基本参数	
全长：	9.86 米
直径：	1.37 米
总重：	16200 千克
最大射程：	4600 千米
命中精度：	910 米
最大速度：	10 马赫

"北极星"导弹发射升空

"北极星"导弹尾部视角

保存在军事博物馆中的"北极星"导弹

美国 UGM-96 "三叉戟" I 型潜射弹道导弹

UGM-96 "三叉戟" I 型 (Trident I) 导弹是美国海军装备的潜射弹道导弹,由洛克希德·马丁公司导弹部门研制。该导弹又称 C4 导弹,1971 年 10 月开始研制,1977 年 1 月进行首次飞行试验,1979 年 10 月开始配发到美军潜艇,12 艘改装过的 "拉斐特" 级导弹核潜艇,每艇配备 16 枚;3 艘 "俄亥俄" 级导弹核潜艇,每艇配备 24 枚。根据 1983 年币值,每枚 "三叉戟" I 型弹道导弹的价格约为 139 万美元(约 942 万元人民币)。

"三叉戟" I 型弹道导弹在刚进行飞行测试时有些不稳定,但是这个问题很快就克服了。该导弹具备点攻击硬性目标的能力,可以攻击中等强度的强化工事军事基地。已输入的目标资料可在潜艇上加以更换重新输入,若要输入全新的目标资料则耗时稍久。

基本参数	
全长:	10.2米
直径:	1.8米
总重:	33142千克
最大射程:	7400千米
命中精度:	380米
最大速度:	15马赫

发射升空状态的 "三叉戟" I 型弹道导弹

博物馆中的 "三叉戟" I 型弹道导弹

直立状态的 "三叉戟" I 型弹道导弹

美国 UGM-133 "三叉戟" Ⅱ型潜射弹道导弹

UGM-133 "三叉戟" Ⅱ型（Trident Ⅱ）导弹是美国研制的第三代潜射弹道导弹，也是美国海军目前最重要的海基核威慑力量。该导弹又称 D5 导弹。1984 年开始工程研制，1987 年 1 月在陆基平台上进行首次飞行试验，1989 年进行潜射试验，初始部署于 1990 年。截至 2021 年 3 月，"三叉戟" Ⅱ型弹道导弹主要装备在美国海军"俄亥俄"级核潜艇（每艇 24 枚）与英国海军"前卫"级核潜艇（每艇 16 枚）。

"三叉戟" Ⅱ型弹道导弹为三级固体推进导弹，采用了很多前所未有的新技术，包括新的 NEPE-75 高能推进剂、碳纤维环氧壳体、GPS/星光/惯性联合制导等。"三叉戟" Ⅱ型弹道导弹的突出优点是射程远和命中精度高，其命中精度为 90 米。该导弹携带的分导式多弹头有两种：一种是 8 个爆炸威力各为 10 万吨梯恩梯当量的子弹头；另一种是 8 个爆炸威力各为 47.5 万吨梯恩梯当量的子弹头。

"三叉戟" Ⅱ型弹道导弹的有效载荷大，它攻击硬目标的效能要比"三叉戟" Ⅰ型弹道导弹高 3～4 倍。

基本参数	
全长：	13.58 米
直径：	2.11 米
总重：	59000 千克
最大射程：	12000 千米
命中精度：	90 米
最大速度：	24 马赫

"三叉戟" Ⅱ型弹道导弹出水升空

美国"俄亥俄"级潜艇的"三叉戟" Ⅱ型弹道导弹发射装置

博物馆中的"三叉戟" Ⅱ型弹道导弹（正中体积最大者）

美国 RIM-161 "标准" III 型反弹道导弹

RIM-161 "标准" III 型（Standard III）导弹是使用于"宙斯盾"系统的舰载反弹道导弹，2005年开始服役。RIM-161 导弹使用 RIM-66 导弹的弹身和推进装置，但是改装了第三段发动机，并加装了全球定位/惯性导航系统，拦截方式则采用波音公司研制的轻型大气层外动能拦截弹头（LEAP）直接撞击目标。RIM-161 导弹的第一段动力装置为 Mk 72 助推器，第二段为 Mk 104 单室双推力固体火箭发动机，第三段为 Mk 136 固体火箭发动机。

RIM-161 导弹以固体火箭助推器提供动力，采取垂直发射的方式，最大拦截高度 122 千米，最小拦截高度 15 千米，最大拦截距离 425 千米。在执行反导弹作战任务时，RIM-161 通过其自身配备的红外制导装置确定来袭弹头的具体位置，利用自身的末端机动能力，以每秒 4 千米（相当于人造卫星速度的一半）的速度撞击并摧毁对方弹头。

基本参数	
全长：	6.55米
直径：	0.34米
翼展：	1.57米
总重：	1500千克
最大射程：	500千米
最大速度：	7.8马赫

美国"提康德罗加"级巡洋舰发射 RIM-161 导弹

RIM-161 导弹想象图

美国"阿利·伯克"级驱逐舰发射 RIM-161 导弹

美国 BGM-109"战斧"巡航导弹

BGM-109"战斧"(Tomahawk)导弹是一种全天候潜艇或者水面舰艇发射的对地攻击巡航导弹,从1983年服役至今。"战斧"导弹采用模组化设计,尽管各次型携带的弹头种类或者是导引系统并不完全相同,但是导弹内部的主要结构是相通的。导弹的最前端是导引系统模组,位于这个模组后方的则是1个或2个前段弹身配载模组,这个模组可以携带燃料或者是不同的弹头。第三段是弹身中段模组,是主要的燃料与弹翼的所在位置。之后,依次是后段模组、动力模组、加力器模组。

"战斧"导弹在航行中采用惯性制导加地形匹配或卫星全球定位修正制导,可以自动调整高度和速度进行高速攻击。导弹表层有吸收雷达波的涂层,具有隐身飞行性能。雷达很难探测到飞行的"战斧"导弹,因为这种导弹有着较小的雷达横截面,并且飞行高度较低。可以这么说,美国海军水面作战舰艇的纵深打击能力便取决于"战斧"导弹。

基本参数	
全长:	5.5米
直径:	0.52米
翼展:	2.67米
总重:	1600千克
最大射程:	2500千米
最大速度:	0.7马赫

美国"阿利·伯克"级驱逐舰发射"战斧"导弹

展览中的"战斧"导弹

美国海军舰艇上搭载的"战斧"导弹

美国 Mk 46 型轻型鱼雷

Mk 46 型鱼雷是专门设计用来攻击高速潜艇的轻型鱼雷，同时也是美国海军库存最多的轻型反潜鱼雷。Mk 46 型鱼雷从最初的 Mod 0 型开始，陆续研制生产了 Mod 1、Mod 2、Mod 3、Mod 4、Mod 5 等改进型。Mod 0 型采用固体燃料推进器，噪音较大。Mod 1 型对控制方向及潜深的 4 片尾舵进行了改造，提升了重复攻击目标的能力。Mod 3 型改造计划还没有进入生产阶段，便被更新的 Mod 4 型所取代。目前，美国海军使用的大多是 Mod 5 型。

Mk 46 型鱼雷速度快、攻击深度大，具备主动及被动声音导向功能。该鱼雷最大的特点就是具有多次重复攻击的能力，如果追击目标时，突然失去目标信号，鱼雷就会呈浮游状态，等再次获得目标信号后，再重新启动加以攻击。Mod 5 型具有浅水攻击能力，甚至可命中浮在水面上的潜艇，因而具有攻击水面舰艇的能力。

基本参数	
全长：	2.6米
直径：	0.32米
最大深度：	366米
总重：	230.4千克
最大射程：	11千米
最大速度：	40节

美国"阿利·伯克"级驱逐舰发射 Mk 46 型鱼雷

Mk 46 型鱼雷发射瞬间

美国海军勤务人员正在运送 Mk 46 型鱼雷

美国 Mk 48 型重型鱼雷

Mk 48 型鱼雷是美国海军潜艇的主力重型鱼雷，能够对付水面与水下的各类目标。Mk 48 型鱼雷由鼻端开始，可以大致分为 5 个单元，即鼻端、弹头、控制段、燃料箱和尾端。鼻端是鱼雷最前端的部分，包含主动与被动声呐，相关的信号处理系统，电子支援系统以及电力供应单元。紧接在后的单元是弹头，包含多段引信与炸药。控制段是控制鱼雷的主要核心单元，包括动力控制、指挥电脑与陀螺仪控制系统等。燃料箱存储燃料，用以推动鱼雷。尾端位于鱼雷的最后端，是发动机和推进器所在的位置，此外控制方向舵的液压系统也包含在内。

作为自动制导鱼雷，Mk 48 型鱼雷可以从潜艇、水面舰艇和飞机上发射，既可以攻击潜伏在深海的核潜艇，也可以对付高速水面舰艇。鱼雷战斗部为装药 100～150 千克的爆破战斗部，命中一枚即可击沉一艘大型潜艇或中型水面舰艇。

基本参数	
全长：	5.79米
直径：	0.53米
最大深度：	800米
总重：	1676千克
最大射程：	46千米
最大速度：	55节

Mk 48 型鱼雷发射瞬间

博物馆中的 Mk 46 型鱼雷（上）和 Mk 48 型鱼雷（下）

美军士兵正在吊运 Mk 48 型鱼雷

美国 Mk 50 型轻型鱼雷

Mk 50 型鱼雷是美国于 20 世纪 80 年代研制的轻型反潜自导鱼雷，可由水面舰艇、潜艇发射，也可由飞机投放。Mk 50 型鱼雷外形为流线形圆柱体，采用常规外形布局，由前、后两个舱段组成，前舱为制导控制舱（包括战斗部），后舱为动力装置舱。制导控制舱前部内装复式主/被动声呐系统，包括低噪音天线阵、发射机、接收机，有多种可选择的接收/发射波束，还采用两台数字式信号处理机，对声呐数据进行处理。制导控制舱内的声呐系统后部，为空心装药战斗部，重45千克，要求精确导向潜艇最薄弱的部位，并穿入其内部爆炸。

Mk 50 型鱼雷的自导装置采用主、被动工作方式，并带有数字式可编程计算机，使自导装置具有很强的自动搜索和跟踪能力，能把真实目标的反射从海底杂波干扰及假目标反射中分辨出来。该鱼雷采用聚能装药，破坏威力大。Mk 50 型鱼雷的发动机功率不受鱼雷航行深度影响，可保持稳定，航行时没有航迹，隐蔽性较好。

基本参数
全长：2.9米
直径：0.32米
最大深度：580米
总重：360千克
最大射程：15千米
最大速度：40节

美国海军士兵正在吊运 Mk 50 型鱼雷

美国"阿利·伯克"级驱逐舰发射 Mk 50 型鱼雷

Mk 50 型鱼雷的发射装置

美国 Mk 54 型轻型鱼雷

Mk 54 型鱼雷是美国研制的一种能够在沿海海域有效地攻击柴电动力潜艇的轻型鱼雷。Mk 54 型鱼雷被称为"轻型混合鱼雷",它采用 Mk 46 型鱼雷的战斗部和推进系统、Mk 50 型鱼雷的声呐以及 Mk 48 型鱼雷和 Mk 50 型鱼雷通用的先进软件运算法则。同时,还使用了一些高性能的民用设备替代定制的军用配件,以便进一步降低成本。

Mk 54 型鱼雷与 Mk 50 型鱼雷一样,具有主、被动声自导功能。声呐基阵的 52 块压电元件以及与 Mk 50 型鱼雷一样的发射机,使 Mk 54 型鱼雷比 Mk 46 型鱼雷的声呐系统拥有更大的发射功率,能够在水平和垂直两个方向发射不同波形的波束。另外,Mk 54 型鱼雷的声呐系统还在硬件方面表现出足够的灵活性,为声呐和信号处理器的后续改进留下接口。Mk 54 型鱼雷最有意义的改进是加装了 Mk 48 型鱼雷的速度控制阀,使鱼雷能够以较低的速度进行搜索,在节约燃料、增大航程的同时,减少自噪音,提高发现目标的能力。

基本参数	
全长:2.72米	直径:0.32米
最大深度:580米	弹头重量:43.9千克
总重:276千克	最大射程:15千米
最大速度:40节	

"阿利·伯克"级驱逐舰上的水兵正在吊运 Mk 54 型鱼雷

美国"阿利·伯克"级驱逐舰发射 Mk 54 型鱼雷

美国海军勤务人员正在吊运 Mk 54 型鱼雷

苏联/俄罗斯 AK-130 型 130 毫米舰炮

AK-130 型舰炮（AK-130 naval gun）是苏联于 20 世纪 80 年代研制的 130 毫米舰炮，是目前世界上性能最出色的舰炮之一。AK-130 型舰炮采用钢铁铸成的炮底，使其重量极大，安装重量达 94 吨，基座以下部分占据了两层舱室，分别是电缆动力舱和有 3 个圆形弹架的转运舱。再下则是弹药舱，有提升机将弹药补充到圆形弹架上。甲板以下的安装深度达 6.2～9.4 米，因此 AK-130 型舰炮只能装备在大型军舰上。

AK-130 型舰炮配备了炮瞄雷达、红外和光学火控系统，即使在强烈干扰或舰队、电子系统战损的情况下，还可用炮塔右上方的光电瞄准装置进行半自动自主控制，以保持战斗力，具有极高的射击精度和很高的可靠性、生命力。它的射速高达每分钟 70 发，在对岸打击时可以提供持续的猛烈火力支持。

基本参数	
口径	130毫米
炮管长	9.1米
总重	35000千克
发射速率	70发/分
最大射程	29.5千米

AK-130 型舰炮正在开火

俄罗斯海军驱逐舰上安装的 AK-130 型舰炮

AK-130 型舰炮前方视角

苏联/俄罗斯"卡什坦"近程防御武器系统

"卡什坦"近程防御武器系统（kashtan close-in weapon system）是世界上唯一将大威力火炮、多用途导弹和雷达-光电火控系统集成在一个炮塔上的防空系统。"卡什坦"系统采用模块化结构设计，包括指挥模块、作战模块、防空导弹存储和再装填系统、防空导弹和炮弹。该系统体积小、重量轻，可配装在多种舰艇上，还可以作为陆基防御武器。根据舰艇排水量和作战任务的不同，指挥模块和作战模块可灵活地组成多种配置形式。

"卡什坦"系统的指挥模块用于探测目标和进行目标分配，为作战单元提供目标指示数据，最多可同时跟踪30个目标。其中的搜索雷达可以使用舰载监视雷达，对雷达截面积0.1平方米、高度15米目标的最大探测距离为12千米，对雷达截面积5平方米、高度1000米目标的最大探测距离为45千米。

"卡什坦"系统侧前方视角

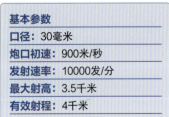

基本参数	
口径：	30毫米
炮口初速：	900米/秒
发射速率：	10000发/分
最大射高：	3.5千米
有效射程：	4千米

"卡什坦"系统侧面视角

俄罗斯海军舰艇上安装的"卡什坦"系统

苏联/俄罗斯 SS-N-25 反舰导弹

SS-N-25 导弹（SS-N-25 missile）是苏联研制的喷气式亚音速反舰导弹，可以在直升机、飞机、水面舰艇上发射，也加装助推器后在岸上发射。SS-N-25 导弹采用与美国 AGM-84 "鱼叉"反舰导弹相同的气动外形布局：4 片切梢三角形折叠式大弹翼位于弹体中部，4 片切梢三角形折叠式小控制舵面位于弹体后部。主动雷达导引头天线位于导弹头部，惯性中制导和主动雷达末制导系统均位于头部制导舱内。其后为高爆穿甲战斗部和引信舱、涡轮喷气主发动机舱以及固体火箭助推器。

SS-N-25 导弹在固定翼飞机上使用时，固体火箭助推器可根据作战需要拆卸下来。该导弹的主动雷达导引头具有抗电子干扰能力，巡航速度为 300 米/秒，巡航高度为 200 ~ 500 米，掠海高度为 5 ~ 10 米。

基本参数
全长：4.4米
直径：0.42米
翼展：1.33米
总重：610千克
最大射程：130千米
最大速度：0.8马赫

SS-N-25 导弹前方视角

展览中的 SS-N-25 导弹

卡-52 直升机和 SS-N-25 导弹

英国 Mk 8 型 114 毫米舰炮

Mk 8 型 114 毫米舰炮（Mk 8 114mm naval gun）是英国维克斯军械部巴罗工程制造厂研制的单管高平两用舰炮，1972 年投入使用。Mk 8 型舰炮由发射系统、供弹系统、随动系统、控制系统、炮架和弹药等部分组成。炮身为单筒身管，带有炮口制退器。有排烟器，可清除射击过程中炮膛内的火药气体和残渣。炮闩为立楔式。供弹系统可装置普通弹，并能及时更换特种炮弹。有电机驱动随动系统工作。控制系统由炮长操作控制台和应急控制箱组成。

Mk 8 型舰炮广泛装备在英国海军的水面舰艇上，包括 21 型、22 型、23 型护卫舰和 42 型驱逐舰，主要用于对海面、岸上和空中目标射击。Mk 8 型舰炮具有体积小、重量轻、结构紧凑、自动化程度高等优点，可完成多项作战任务。

基本参数	
口径：	114 毫米
炮管长：	6.27 米
总重：	26400 千克
炮口初速：	900 米/秒
发射速率：	25 发/分
最大射程：	27.5 千米
有效射程：	22 千米

英国 23 型护卫舰安装的 Mk 8 型舰炮正在开火

Mk 8 型舰炮侧面视角

Mk 8 型舰炮前方视角

英国"海标枪"舰对空导弹

"海标枪"导弹（Sea Dart missile）是英国研制的中远程、中高舰载防空导弹武器系统，主要用于拦截高性能飞机和反舰导弹，也能攻击水面目标。"海标枪"导弹采用全程半主动雷达制导，发射架为双臂式或四联装发射装置。火控雷达为909跟踪与照射雷达。"海标枪"导弹的弹体为两级推进的固体导弹，点火后由一台固体助推器推动加速，超过音速后助推器脱落，冲压巡航发动机启动，令导弹进一步加速，不同于同时期其他防空导弹，"海标枪"导弹的巡航发动机一直工作到命中目标。

"海标枪"导弹采用破片杀伤型战斗部，最大射程为70千米，作战高度10～22000千米，最大速度为3.5马赫。不过，"海标枪"导弹在实战中存在反应速度慢、准备时间长、对低空目标拦截能力差的缺点。即便如此，它仍是20世纪70年代以来英国舰队远程舰空火力的主力，直到2013年才退出历史舞台。

"海标枪"导弹及其发射装置

"海标枪"导弹系统侧面视角

基本参数

全长：	4.36米
直径：	0.42米
翼展：	0.9米
总重：	550千克
最大射程：	70千米
最大速度：	3.5马赫

英国"爱丁堡"号巡洋舰发射"海标枪"导弹

英国"海狼"舰对空导弹

"海狼"导弹（Sea Wolf missile）导弹是英国于20世纪70年代研制的舰载近程点防空导弹，可由常规发射器或舰载垂直发射系统发射。"海狼"导弹的弹体构型采用流线风格，一组大面积十字形箭簇翼占据弹体中段，靠近弹尾处则有一组箭簇型十字控制面。"海狼"导弹采用固态火箭推进，引信为触发/近炸引信。

"海狼"导弹可选择由射控雷达全自动操作，或者由人工介入控制。在人工模式下，操作人员通过电视摄影机持续锁定目标，随时将目标压在摄影机荧幕中央的十字线上，便能持续产生控制信号来修正导弹航向。由于"海狼"与射程较长的"海标枪"导弹出于同一背景，两者可构成一套完整的舰队防空导弹网。

基本参数	
全长：	1.9米
直径：	0.3米
翼展：	0.45米
总重：	82千克
最大射程：	10千米
最大速度：	3马赫

"海狼"导弹发射瞬间

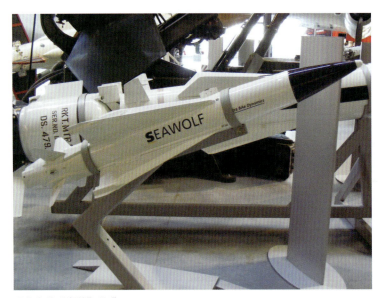

展览中的"海狼"导弹

"海狼"导弹侧后方视角

英国"海上大鸥"反舰导弹

"海上大鸥"导弹（Sea Skua missile）是英国研制的全天候短程反舰导弹，主要用于攻击水面中小型目标，分为直升机载型和舰载型。"海上大鸥"导弹采用全程半主动寻的制导方式，配以穿甲爆破战斗部，采用高亚声速突防模式。

"海上大鸥"导弹具有半主动雷达自动引导能力，在英国海军服役期间显示出了极高的命中率、可靠性和低寿命周期成本。英国海军的舰载直升机可以携带大量的"海上大鸥"导弹，并能够将导弹进行单个发射或迅速地同时发射全部导弹。导弹发射直升机雷达可对目标进行侦测、跟踪与显示，机组人员仅需选定目标及掠海高度。此后，导弹可自动跟踪被选目标，无需机组人员更多介入。

基本参数	
全长：	2.5米
直径：	0.25米
翼展：	0.72米
总重：	145千克
最大射程：	15千米
最大速度：	0.8马赫

"海上大鸥"导弹侧面视角

展览中的"海上大鸥"导弹

德国海军"山猫"直升机搭载的"海上大鸥"导弹

法国"紫菀"舰对空导弹

"紫菀"导弹(Aster missile)是欧洲防空导弹联合公司研制的舰对空导弹,分为"紫菀"15型和"紫菀"30型两种型号,2001年开始服役。"紫菀"导弹除了经常作为陆基或舰载的防空武装外,也是法国主导的"主要防空/反导弹系统"(PAAMS)的核心武器。该导弹使用了直接推力控制技术,在弹道终端关键的拦截阶段以侧向推进器直接产生反作用力,推动导弹撞向目标,而不是依赖弹翼控制。

"紫菀"导弹的两种型号都是两级固体导弹,采用相同的指令、主动雷达寻的制导和15千克的破片杀伤战斗部,主要区别是第一级,实质上是同一单级固体导弹加上了不同的助推器。"紫菀"导弹在设计上与美国"标准"导弹类似,使用一个通用的导弹体,通过配装不同的助推器来实施不同的任务。"紫菀"30型的体积比"紫菀"15型更大,长度为4.9米,总重450千克,最大射高为20千米,最大射程可达120千米。

基本参数	
全长:	4.2米
直径:	0.18米
翼展:	0.72米
总重:	310千克
最大射程:	30千米
最大射高:	13千米
最大速度:	3.5马赫

英国"勇敢"级驱逐舰的"紫菀"导弹发射装置

"紫菀"导弹发射升空

"紫菀"导弹发射瞬间

法国"飞鱼"反舰导弹

"飞鱼"导弹（Exocet missile）是法国研制的反舰导弹，拥有舰射（MM38、MM40）、潜射（SM39）、空射（AM39）等多种不同的发射方式。"飞鱼"导弹采用典型正常式气动布局，4个弹翼和舵面按X形配置在弹身的中部和尾部。整个导弹由导引头、前部设备舱、战斗部、主发动机、助推器、后部设备舱、弹翼和舵面组成。

"飞鱼"导弹在20世纪80年代正式服役后，历经许多实战经验，是一种整体性能优异的反舰导弹系统。"飞鱼"反舰导弹的主要目标是攻击大型水面舰艇，可以在接近水面5米不到的高度飞行但不接触水面，在飞行时采用惯性导航，等到接近目标后才启动主动雷达搜寻装置，因此在接近目标前不容易被探测。

基本参数	
全长：	4.7米
直径：	0.34米
翼展：	1.1米
总重：	670千克
最大射程：	180千米
最大速度：	0.92马赫

德国海军"勃兰登堡"级护卫舰发射"飞鱼"导弹

"飞鱼"导弹发射时的后焰

MM40舰射型"飞鱼"导弹发射瞬间

荷兰"守门员"近程防御武器系统

"守门员"近程防御武器系统（Goalkeeper close-in weapon system）是荷兰泰利斯公司与美国通用电气公司合作研制的近程防御武器系统，1980年开始服役。"守门员"系统有两个主要构件：一个自动化的加农机炮以及一套先进的雷达，雷达用来追踪来袭物的飞行轨迹，决定开火拦截的前置位置，而机炮将在雷达下令后对来袭目标进行数秒钟的射击，完成拦截防卫工作。

"守门员"系统主要用于船舰的近距离防御，将来袭的反舰导弹（或其他具威胁性的飞行物）加以击毁。"守门员"系统是完全自动化的防卫系统，整个运作过程中都不需要人员介入。与"密集阵"系统相比，"守门员"系统使用30毫米口径的炮弹，因而拥有更高动能。两个系统的最大射程相当，但"守门员"系统的破坏力大于"密集阵"系统。

基本参数	
全高：	6.2米
总重：	9902千克
炮口初速：	1109米/秒
发射速率：	4200发/分
有效射程：	2千米

"守门员"系统正在开火

"守门员"系统侧后方视角

"守门员"系统侧前方视角

西班牙"梅罗卡"近程防御武器系统

"梅罗卡"近程防御武器系统（Meroka close-in weapon system）是西班牙研制的近程防御武器系统，1986年开始服役。该系统没有采用国际上流行的转管炮布局方式，而是采用12根单管炮上下两排（每排6管）组合而成。"梅罗卡"系统的探测跟踪装置包括红外系统、视频自动跟踪系统和"宙斯盾"雷达提供系统三个部分，而整个系统由火炮装置、搜索跟踪系统和控制台组成。

"梅罗卡"系统的跟踪雷达、搜索雷达均置于炮架上，与火炮形成一体结构。该系统的设计独特，火力十分强大，排除了转膛炮因单管卡壳而全炮故障的不足，提高了快速反应拦截能力。根据设计指标，"梅罗卡"系统对付典型目标的命中率为87%左右，水平射界为360度，高低射界为-15度～+85度，备用炮弹数720发。在西班牙海军中，"梅罗卡"系统主要装备于"阿斯图里亚亲王"号航空母舰和"阿尔瓦罗·巴赞"级护卫舰等舰只。

基本参数	
全高：	3.71米
总重：	4500千克
炮口初速：	1290米/秒
发射速率：	3600发/分
有效射程：	3千米

"梅罗卡"系统侧前方视角

"阿斯图里亚亲王"号航空母舰安装的"梅罗卡"系统

"梅罗卡"系统侧后方视角

意大利奥托·梅腊拉127毫米舰炮

奥托·梅腊拉127毫米舰炮（Oto Melara 127mm naval gun）是意大利奥托·梅腊拉公司于20世纪60年代后期设计的单管高平两用舰炮，1972年初装备意大利海军和加拿大海军，并出口阿根廷、伊拉克、日本、尼日利亚、委内瑞拉等国家。该炮主要用于防空和打击海上或岸上中小型目标，装备于驱逐舰或护卫舰上。

奥托·梅腊拉127毫米舰炮由发射系统、供弹系统、随动系统、炮架、弹药、遥控台和主配电箱组成。发射系统的炮管有冷却水套，用淡水冷却，还有一套吹气装置，可吹除炮管内火药燃烧后的残渣。炮口装有制退器，炮闩为楔形。反后坐方面，奥托·梅腊拉127毫米舰炮采用液压式制退器和气体复进机。

基本参数
口径：127毫米
炮管长：6858毫米
总重：37500千克
炮口初速：808米/秒
发射速率：40发/分
最大射程：23千米

奥托·梅腊拉127毫米舰炮侧面视角

奥托·梅腊拉127毫米舰炮侧后方视角

意大利"西北风"级护卫舰安装的奥托·梅腊拉127毫米舰炮

意大利奥托·梅腊拉 76 毫米舰炮

奥托·梅腊拉 76 毫米舰炮（Oto Melara 76mm naval gun）是意大利奥托·梅腊拉公司研制的全自动高平两用舰炮，1964 年定型生产，到 20 世纪 90 年代初，已装备美国、德国、澳大利亚、日本、泰国和韩国等 40 多个国家。该炮主要装备在小型舰艇上，用于拦截导弹、飞机和攻击快速舰艇。

奥托·梅腊拉 76 毫米舰炮主要由发射系统、供弹系统、瞄准及控制系统、炮架和弹药等组成。发射系统的炮管由内管和外管组成。在炮管中部装有排烟筒和身管温度传感器，保障炮膛内的清洁。内外管通带采用套管冷却水。供弹系统包括旋转弹鼓、扬弹机、摆弹臂、装弹装置及液压动力装置。

奥托·梅腊拉 76 毫米舰炮前方视角

基本参数
口径：76 毫米
炮管长：4724 毫米
总重：7500 千克
炮口初速：915 米/秒
发射速率：85 发/分
最大射程：20 千米

奥托·梅腊拉 76 毫米舰炮侧面视角

奥托·梅腊拉 76 毫米舰炮开火

参考文献

[1] 军情视点. 远洋攻击队——巡洋舰[M]. 北京：化学工业出版社，2014.

[2] 军情视点. 海陆双雄——两栖作战舰艇[M]. 北京：化学工业出版社，2014.

[3] 军情视点. 舰队守护神——护卫舰[M]. 北京：化学工业出版社，2014.

[4] 军情视点. 深海桥头堡——航空母舰[M]. 北京：化学工业出版社，2014.

[5] 军情视点. 蓝海多面手——驱逐舰[M]. 北京：化学工业出版社，2014.

[6] 军情视点. 深蓝杀手——现代潜艇[M]. 北京：化学工业出版社，2014.

[7] 军情视点. 海洋霸主：全球航空母舰50[M]. 北京：化学工业出版社，2014.

[8] 军情视点海战先锋：全球驱逐舰50[M]. 北京：化学工业出版社，2014.

[9] 于向昕. 航空母舰[M]. 北京：海洋出版社，2010.

[10] 查恩特. 现代巡洋舰驱逐舰和护卫舰[M]. 北京：中国市场出版社，2010.

[11] 陈艳. 潜艇——青少年必知的武器系列[M]. 北京：北京工业大学出版社，2013.

[12] 哈钦森. 简氏军舰识别指南[M]. 北京：希望出版社，2003.

[13] 军情视点. 航空母舰大百科[M]. 北京：化学工业出版社，2020.